只赢不输

全球25位创业明星"事业生活两不误"的秘密

［丹麦］马丁·本耶格伽德　［加拿大］乔丹·麦尔纳◎著

苏　西◎译

ZHEJIANG UNIVERSITY PRESS
浙江大学出版社

25 位新生代创业明星

米奇·索尔（Mitch Thrower）

作家，金融家，活跃网络（The Active Network）、Bump.com 等数家企业的联合创始人，也是铁人三项运动员。

谢家华（Tony Hsieh）

美捷步（Zappos.com）CEO，2009 年亚马逊以近 10 亿美元的价格收购该公司。谢家华之前还曾创立 Link Exchange 并售予微软。他还著有畅销书《三双鞋：美捷步总裁谢家华自述》（*Delivering Happiness*）。

N.R. 穆尔蒂（N.R. Murthy）

印度富豪、全球知名的科技企业印孚瑟斯（Infosys）创始人，在一些全球最具声望和实力的机构中担任董事，例如汇丰银行、福特基金会和联合利华。

比尔·廖（Bill Liao）

创业家、创新慈善家，推动 7 家企业成功上市，其中包括 Xing. com。

约翰·维奇（John Vechey）

宝开游戏联合创始人，该公司最近以约 13 亿美元的价格被美国艺电（EA）收购。

查德·楚奥特万（Chad Troutwine）

全球顶尖备考机构 Veritas Prep 的联合创始人兼 CEO，Freakonomics Media、LLC 联合创始人，10 部故事片的制片人。

克劳斯·迈耶（Claus Meyer）

厨师、创业家、作家、北欧食品帝国的联合创始人，旗下拥有全球最佳餐厅 Noma，Noma 在创立两年后即荣膺此桂冠。

布拉德·菲尔德（Brad Feld）

著名投资人、Foundry Group 总经理、TechStars 联合创始人。最近被《商业内参》(*Business Insider*) 评为美国最受尊敬的风险投资人。

苏菲·范德布罗克（Sophie Vandebroek）

科技巨人施乐公司的内部创业家兼 CTO，该公司营收为 220 亿美元。

贾森·弗里德（Jason Fried）

37 Signals 的联合创始人兼总裁，与人合著的作品《重来》荣登《纽约时报》畅销书榜。

杰克·尼克尔（Jake Nickell）

Threadless.com 联合创始人，当年以 1000 美元创立 Threadless.com，带领它成长为全美最受尊敬的电商企业之一，利润达数百万美元。

卡特琳娜·菲克（Caterina Fake）

Flick'r 与 Hunch. com 的联合创始人。

大卫·科恩（David Cohen）

TechStars 联合创始人。

兰迪·科米萨（Randy Komisar）

风投基金 KPCB 合伙人。

本·韦（Ben Way）

创业家、种子基金投资人。

只赢不输

WINNING WITHOUT LOSING

尼克·米卡哈洛夫斯基
（Nick Mikahailovsky）

Poldo 与 NTR Lab 的创始人。

托斯顿·赫韦特（Torsten Hvidt）

Quartz & Co. 联合创始人。

德里克·西弗斯（Derek Sivers）

CD Baby 创始人。

马库斯·莫伯格（Markus Moberg）

Veritas Prep 联合创始人。

克里斯蒂安·斯塔迪尔（Christian Stadil）

创业家、Hummel 拥有者。

彼得·麦格贝克（Peter Maegbaek）

Fullrate 联合创始人。

马克西姆·斯彼得诺夫（Maxim Spiridonov）

创业家、投资人。

马丁·索伯格（Martin Thorborg）

Jubii 与 SpamFighter 的联合创始人。

亨里克·林德（Henrik Lind）

Danske Commodities 与 Lind Finans 创始人。

张向东

3G 门户创始人兼总裁。

关于书中 25 位新生代创业明星更多详情，请登录 www. winningwithoutlosing. com。

把这本书献给 Rainmaking① 的朋友和伙伴，感谢你们让我们共同冒险的每一天都变得趣味盎然。献给我的妻子安妮卡，感谢你始终相信我的能力，就算是在连我自己都强烈怀疑是否能写出一部像样的作品时，你也没有动摇过。还要献给我的女儿麦妮特，你让我有了极为充分的理由，满腔热情地寻找能让人生平衡而又完整的秘方。

——马丁·本耶格伽德

我很幸运，拥有一批希望我获得幸福的家人和朋友，也有幸能选择自己的人生方向。感谢马丁，我们合作撰写这本书的过程，正是本书内容的恰当写照。

——乔丹·麦尔纳

---

① Rainmaking，一家成立于 2006 年的"企业工厂"。顾名思义，它帮助创业者创建公司，将公司扶上正轨，然后抽身退出。发展至今，已帮助 15 家初创企业成功上市，其中 3 家已经成为业内的领头羊。Rainmaking 还在哥本哈根、伦敦和柏林设有办事处。该公司一直奉行着"赢得成功，同时享受人生"的宗旨。本书作者马丁为该公司的四位创始人之一。

打破传统看法的误区

从前,事情曾经很简单,我们可以依赖以下这些基本的原则:

01 工作越努力,挣到的钱就越多。

02 想要成功,就得牺牲。

03 取得成功是很难的。

04 是当个顾家的人,还是当个事业型的人,
你必须在两者间作出选择。

05 拥有平衡的生活,那是退休后
或者把公司卖个好价钱之后,才能实现的事。

06　哪有时间一切兼得。

07　人应该不断地逼着自己向前走，这是必须的。

08　工作最努力的人才能取胜。

09　花在工作上的时间越长，你的影响力就越大。

10　创业就意味着很多年别想放假。

11　想陪家人和朋友，只能等周日了。

如今，这些看法不再正确，我们面对着一个全新的现实。
欢迎来到新的时代。

04 当前路崎岖时

05 平衡，从最初的设计开始

目

录

刷新心态

现在就行动

充满遗憾的人生

"我搞砸了。"说这句话的人是沃尔玛的创始人山姆·沃顿（Sam Walton），1982—1988 年的美国首富。在临终的病榻上，他发出了这句感叹，因为他意识到自己对儿孙辈一点都不了解，妻子也只是出于责任才留在自己身边。这一辈子，他一心只想着追求事业的成功，做是做到了，可最后才明白自己付出了多大的代价。山姆忽略了人生中另外一些重要的东西，他没能拿出时间来跟家人建立亲密的关系，并把它维系下去。悲哀的是，这不是特例，世上还有无数类似的人，他们的事业没有山姆这么成功，可到最后也用同样苦涩的感慨总结了自己的一生。

我们或许会认为，位高权重的人更容易跌入这个陷阱，因为他们背负着巨大的责任，让他们分心的事情也特别多。但事实是，山姆的例子在各行各业、不同职位的人们的身上重复上演着，从创业者到白领到公务员，从 CEO 到普通员工，都有类似的困境。家庭破裂了，友情岌岌可危,健康也亮起红灯,这样的人生迟早将充满遗憾。若是有人问起,人生中最重要的事情是什么,绝大多数人都会飞快地回答——家庭、朋友和健康。那么,导致感情破裂、引发健康问题的罪魁祸首是什么呢?没错,你猜对了,是工作。

在日本,太多的人死于过度工作,以至于他们对此有个专门的称呼——Karoshi,也就是过劳死。尽管过劳死属于极端情况,但过度工作的问题已经对我们人生的方方面面都造成了深远的影响。**毕竟,咱们绝大多数人活着不是为了避免最糟糕的灾难,而是想积极找出最好的方法,追求圆满而精彩的人生**——摘得成功的果实,同时也能有时间和精力来享受它的甘美滋味。

成为事业成功的创业家或商业巨子,同时还能拥有平衡的生活,这难度也太大了吧。每一个初创的企业都是小小的奇迹,就像火箭升空一样,需要极其强大的能量才能助推它离开地面。把亲手创办的企业做大做强,让它声名远播,而且能持续地发展下去,这也需要无数的心血。面对这么巨大的挑战,既要有时间和精力取得事业上的成功,同时还能拥有幸福、完满和平衡的生活,把这辈子过得了无遗憾,真有这个可能吗?

答案是肯定的。我们会告诉你怎么做。

两全其美

从创业第一线,我们带回了振奋人心的消息:如今,鱼与熊掌可以兼得了。你既能把朋友和家人摆在第一位,同时还能白手起家、成功创业、收获财富。你再也不必下班回到家后发现孩子已经睡着,当朋友约你周五晚上喝喝啤酒或是周末去踢球时,你也用不着推辞了。每年拿出6～8周的时间去旅行,或是做一些工作之外、能为自己"充电"并拓宽视野的事情，已经不只是可行而已，它们越来越像是先决条件——如果你想获得可持续的最佳效率，就一定要这么做。

随着我们对人的身体、思维和行为动机的运作机制了解得越来越深，加之当今时代的挑战也需要全新的技能才能应对，有一件事变得越来越清楚——拼死拼活地工作，不再是唯一的办法。**既能取得事业成功，同时还能生活得幸福快乐，如今两者终于可以兼得了。**我们称之为"两全其美"，从此事业与人生不再是竞争关系，这也意味着，"想要成功就必须作出牺牲"这一最古老的信念正在过时。

可是，幸福生活跟商业书籍有什么关系？比起满腔愤懑的人来，幸福快乐的人对待别人的态度更友善，对世界也更有益。幸福的人精力更充沛，更容易帮助他人。每个人终究都要离开这个世界，"生不带来，死不带去"对谁都适用。因此，唯一符合逻辑的结论就是，我们要为自己的幸福快乐负起责任来，在这一辈子里尽力收获更多的幸福时刻。

一个人过得是否幸福，很大程度上要取决于基因、教养、对终身伴侣的选择，以及跟亲近的人的关系。但是，几乎在所有研究中，工作都被认为是影响幸福的前五大决定因素之一。工作内容是什么，跟谁一起工作，这些问题都很重要。工作时长也是，如果我们一年365天，每天都工作16个小时，这很难谈得上长远幸福吧。

反过来说，如果有人勒令我们一个小时的工作都不准做，我们的幸福感也会大打折扣。

对绝大多数人来说，"幸福区间"是每周工作30～60小时。一般说来，这个区间的最低点意味着我们还有不少其他事情要做，或是手头上的事情不需要我们全情投入。在最高点，我们做的是自己的事业，搭档也让我们浑身充满干劲，而且没有其他事分心。

最大的悲哀就是为了追求成功，迫使自己超量工作，打破了幸福区间的最高值。尽管意图是好的，结果却十分讽刺——最佳工作效率遭到破坏，损失变成了双倍。本该拥有的幸福感降低了，本该取得的成就也打了折扣。商界里有很多人把每周的工作量主动削减了 10～20 个小时，结果他们变得更开心、更成功。这样的例子比比皆是，或许你也能成为其中的一员。

收益递减定律

咱们来看个例子。上学的时候，大部分人都学过"边际收益递减"这个概念吧。它的核心就是，从最初的付出中我们得到了大量价值，但随后，同样的付出得到的回报却越来越少，到了某一个点上，回报变成了零或负数。

我们一直在凭直觉运用这个法则。比如说浇花，第一杯水非常有用，可我们不知道它是否需要第二杯，等到浇完第三杯，花给淹死了。如果你曾经拜托别人在你出门旅行期间帮忙浇花，你多半会这样说："水够了就行，别浇太多啊。"

19 世纪初期，英国经济学家、政治家大卫·李嘉图（David Ricardo）提出了边际收益递减定律，随后它成了最重要的数学定律之一。如今我们知道，这条定律也适用于生活中方方面面。

工业生产人员运用这条定律已有一百多年。第二次世界大战后的广告业也成了它的忠实拥趸。前一千份广告效果很好，接下来的一千份表现平平，最后一千份压根就不值得做。

运动员和教练也懂得这个道理。在 2007 年 9 月 30 日的柏林马拉松大赛上，埃塞俄比亚长跑运动员黑·格布雷希拉希耶创造了 2 小时 4 分 26 秒的世界纪录。在比赛前的那些年月里，他可不是没日没夜地训练的，相反，他找到了最佳的训练强度，打败了训练时间比他长得多的竞争对手。

你的最佳效率是多少？

在学习、工作、创业等生涯中，绝大多数人都曾经尝过把精力用到极限的滋味。我们工作得太卖力，以至于一点效率都没了。洞察力消失了，力气和干劲也没有了，要休息好些天、甚至好几个星期才能缓过劲儿来。美国营销大师赛斯·高汀（Seth Godin）就曾写道，早年的时候，有一次他为了赶上交活的期限，在办公室里待了一个月，一直连轴转。工作的成果还算不错，可他把自己逼得太紧，结果元气大伤，一直病了半年。这纯粹是因为他工作得太卖力，在收益递减的道路上走得太远。单从一个月看，他的收益还不错，可要从七个月来看，平均效率就低得惊人。所以，你的最佳效率是多少？如果只考虑完成的工作量，你觉得自己每周应该在办公室里待多少小时？30小时？70小时？100小时？

大家可能会想，这要看工作性质是什么，一点没错。如果我们做的是比较机械的工作，不太需要动脑子、发挥创意或是跟别人合作，那咱们的工作时间越长，干完的活儿就会越多。但航空管制员或心脏科医生就不是这样了。一个行为需要人聚精会神的程度越低，它能持续的时间就越长。谁都不想让航空管制员每周在指挥屏幕前一坐就是100小时吧。

有些工种跟最佳效率关系不大，有些却大有关联。

身为创业者和领导者，我们对事业充满激情。我们有梦想，也有勇气去追梦，我们浑身上下充满了干劲。可是，我们的工作性质跟"按部就班"相差十万八千里。**我们更像是航空管制员，要想漂漂亮亮地完成工作，就必须时刻保持清醒的头脑，作出重大选择，还得会跟别人合作。**

然而，还是有不少人相信，要是每周工作 70 小时，那肯定比每周工作 50 小时成就更大。不少工种的确是这样的，比如操作每小时焊接 10 个零件或是半小时装满 5 箱茶包的机器。但要说起创业者要做的事，咱们就得换个新逻辑了。

当然，这话不能简单地理解，我不是要你放下工作，离开办公桌，窝到沙发上去。实际上，这不在于"工作"还是"不工作"，真应该有人发明一个比"工作"更好的词儿才对，因为新一代的创业者和经理人并不"工作"——做自己热爱的事情，施展才华，实现梦想。

比起传统的工人或白领，他们跟运动员、音乐家或雕塑家更为相似。可是，即便是艺术家和运动员也会遇到边际收益递减的问题。要说灵感对伟大作品的重要性，没人比画家、作家更清楚的了，每周坐在画布或桌前干等上 100 个小时，你也找不到灵感。这里头还差点儿东西，而在这幅拼图中，平衡就是十分重要的一片。

胆小鬼才追求平衡？

在这本书中，我们会多次谈到平衡的概念。我们所说的"平衡"，指的是"你眼中的美好人生"。我们无意得知你的遗愿清单，也无需知道你想如何分配时间。我们要做的是促使你深入思考，作出明智的选择，并且有勇气用最适合你的方式来设计自己的人生。

现在你可能在想："平衡？这词听上去无趣又软弱，一点意思也没有。我才不想要平衡呢，我想要的是精彩的人生，干几件轰轰烈烈的事，功成名就，还要来个刺激的风筝冲浪。"

或许你是对的，或许你应该把这本书送给某个情感细腻的亲戚。但是，再听我们说 2 分钟吧。为什么？因为如果你想过上心目中的理想生活,或许平衡正是最关键的一环。

对于绝大多数人来说,理想的生活是以下这些因素的总和:

- 跟他人保持良好的人际关系。
- 擅长某件事。
- 实现财务自由。
- 身心健康,自信又有活力。
- 能掌控自己的人生。
- 为某些崇高的目标积极奉献心力。

要把上述这些事情都做到,让每一样都成为生命中的重要部分,那可真要费一番工夫。你得花心思好好想想,制定睿智的策略。你需要平衡。无论多么热爱工作,如果无暇兼顾其他,持久的幸福是肯定谈不上的。除了工作之外,我们还需要爱和被爱,尝试各种各样的经历和体验,享受运动的乐趣,跟新老朋友共度欢乐时光。

话又说回来,如果我们每周只工作 10 个小时,其余的时间都忙着开派对、看电视、花别人的钱,那我们肯定也会因为没能实现心中的目标而感到遗憾。**这里要说的重点是:无论我们喜不喜欢"平衡"这个说法,人生中的确存在着平衡或失衡。唯有我们自己才能察觉到,也唯有我们自己才能采取行动,去追求平衡。**追求平衡绝非胆小鬼做的事,够胆量的人才敢去寻找它。而且,它肯定是找得到的。

硬汉型和遭罪型? 老早过时啦!

如果说追求平衡是勇者的行为,那硬汉式的做法是什么呢? 所谓

"硬汉型",就是那种吹嘘自己为了一项重要工作,接连一周都每晚只睡2小时的人。这种做法不值得敬佩了吗?值得。但随着对身体和大脑的运行机制越来越了解,人们渐渐意识到,这种活法与其说是值得敬佩,还不如说是愚蠢透顶。这样熬一天下来,我们压缩了睡眠、休闲和锻炼的时间,看似提高了效率,但损失的其实更多。

千万别误会我们的意思。不断鞭策自己,追求巅峰绩效,这依然是值得努力去做的。比如说,打破自己10千米长跑的记录、学习一项新技能(尽管它很难)、精心设计并执行一次完美的销售演示,这些都值得敬佩。**可是,把自己逼到疲惫不堪的份儿上,降低了总体的工作效率,自己也因此弄得萎靡不振,这纯粹是干蠢事啊。**

有些人更倾向于扮演遭罪型的角色,一天工作16小时,自己都可怜起自己来。要是再哀叹几句,抱怨一会儿,赢得了别人的同情,这种怪怪的愉悦感会变得更加强烈。可说实话,感觉真有那么好吗?每个人身边大概都有这样子的阿姨,人家诉起苦来,版本可比这个高级多了,更生动,更没完没了。你真愿意变成那个样子?

内省总是比较难,但你可以想想看,身边有没有谁时不时地扮演硬汉型或遭罪型的角色?或许是朋友,或许是同事,他们喜欢吹嘘自己工作多么卖命,或是哀叹自己作出了多少牺牲。恐怕第一句话还没说完,你就看穿了他们的真实意图,是不是这样?要记住,当你这么做的时候,别人一样能看穿你。

寻找新榜样

2009年冬日的一天,我和乔丹在哥本哈根第一次见面,合写这本书的想法就是在那天产生的。我俩发现,除了都是创业者之外,我们两人还有个共同的兴趣：为野心勃勃的创业者和经理人寻找一条新路，让大家不必赔上生活，也能事业有成。

过去两年来，我们一起在全球范围内寻找，我们采访了上百名创业者，想找到事业上极为成功、生活又非常幸福平衡的例子。这样的人可谓是"异类"，他们颠覆了人们往常对成功和牺牲的看法。我们很快就发现，真有这样一股潮流在涌动：**工作方式发生了变化，变得更加可持续，更加人性化了。**

这些创业者都非常慷慨大度，坦诚地跟我们分享他们的经验，讲述他们如何做到这些常人眼中不可能的事，我们由衷地敬佩他们。

他们中的绝大多数都是在过去十年中创富的。凭着特立的工作态度和全新的工作方法，他们的效率比普通的创业者高出好几个数量级。与此同时，他们还很重视生活质量。在创建企业的同时，他们跟家人和朋友保持着亲密的关系，尽享人际关系带来的快乐，而且他们还有时间周游世界，享受人生中一切的美好。更让人惊异的是，这些创业者执掌的并不是养家糊口型的小生意，也不是那种个性小铺，而是足以改变行业的、价值数百万美元（甚至数十亿）的大企业。原因很简单，他们找到了最适合自己的、两全其美的做法。

65 条好建议

本书是由 65 篇小文章组成的，每一篇都跟主旨紧密相关，有些讲的是做事方法，有些讲的是思维方式。我们想把以下内容浓缩进这些文章中：

1. 我们对全球数名事业生活双赢的创业者的访谈。
2. 世界知名的心理学家和效率专家的研究结果和建议。

3. 来自身边同事和朋友们的看法与启发。

4. 我们两人创业和管理公司的亲身经验，其中包括 Rainmaking 的成功故事。Rainmaking 是一个"创业工厂"，五年之内，公司旗下已有 2 家企业以数百万美元的价格售出，此外还有 8 家成功的初创企业，总体营收达到 5000 万美元，公司在伦敦、哥本哈根和慕尼黑有 90 名员工。做到这一切的同时，我们每年有 6～8 周的假期，给头脑和心灵充电、陪伴家人和朋友、旅行、运动、享受生活的乐趣，而且每周工作极少超过 45 小时。没错，这一切是可以做到的！

我们把这些短文分成了七章：

第一章：**效率加速器**。这一章讲的是 15 个让效率呈指数级增长的方法。众所周知，投入和产出之间的关系不再是线性的，有些人能做到一小时收入百万，另一些人却辛辛苦苦只能拿到最低工资。找到聪明的做事方法吧，不要站错队。

第二章：**换个方法做事情**。这部分讲的是，只要对咱们日常做惯的事情（比如思考、学习和列待办事项清单）来些小小的调整，结果就会发生巨大的变化，而且在这个过程中还能得到莫大的乐趣。

第三章：算算咱们每天浪费掉的时间，真能把人吓一跳。我们做的绝大多数事情既对事业无甚帮助，也对幸福感无益。是时候停止浪费了。这一章告诉我们，如何**跳出时间陷阱**。

第四章：无需否认，有时创业者的确会遇到困难。书中这些榜样人物都曾遭遇过失败。从他们的经验中我们得到启发，总结出了 5 条建议。**当前路崎岖时**，这做法可以帮我们减轻烦恼，快速找回状态。

第五章：绝大多数人都希望找到平衡，可极少人会为它作计划。**平衡，从最初的设计开始**。别再空等了，按照这一章里写到的简单做法去做吧！你会惊讶地发现，如果你从一开始就这么做，找到平衡是多么轻而易举。

第六章：说到底，还是信与不信的问题。咱们可以学会几十条甚至上百条让事业和生活双赢的方法，可要是你的内心深处并不相信这种境界真的存在，那这一切都是白费工夫。这一章我们要谈的是如何**刷新心态**。

第七章：面对榜样人物的启发，很多人是这么想的，"太好了，我相信这些，现在告诉我眼下该做什么吧"。全书的最后一章由 6 篇短文组成，促请你**现在就行动**，创造出专属于你自己的高效生活。

> # 咱们这就开始吧。

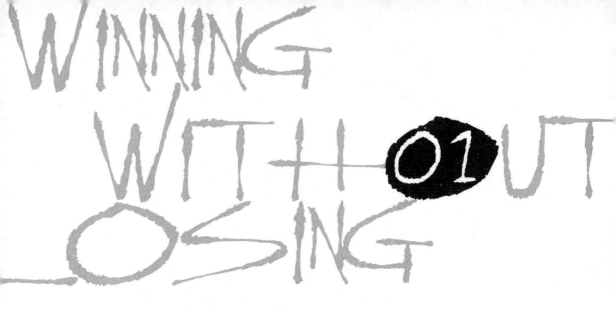

效率加速器

→ 15 条让效率成倍增长的好策略

没达到预期目标的时候,绝大多数人的自然反应就是多投入点时间。可是,这就好比是亲手把汽车推上山坡,而不是想办法去发动引擎。

没错,咱们可以在办公室加班加点。可这么做真有实质效果吗?多花 20% 的时间干活,充其量只能多完成 20% 的工作,这还没把疲劳算进去。真正该问的问题是:我们该怎么做,才能把效率提升十倍、百倍,甚至是上千倍?

我们需要一套崭新的做事方法。以下要介绍的,就是一些最有力、最见效的做法。

找到创业好搭档

马丁·本耶格伽德

　　希腊神话中的混沌之初，男人和女人是联体的，好比长着两个头的轮子。他们惬意地在天地间滚动前行，自由来去。惬意很快衍生出自信，又渐渐演变成傲慢。为了惩罚他们的傲慢，上帝把他们从中间一分为二，两个部分永远分开了。神话故事里说，自从那天起，男人和女人就一直在孤独中不停地寻找自己的另一半。

　　我们不是要你重新制造轮子，也不是要你跟创业搭档紧紧黏在一起，但这个故事是有深意的。**如果你单枪匹马地创业，那就好比被切掉了一半的轮子，缺失了能让企业繁荣发展所必需的支持力量。**或许你不会去满世界寻找上辈子失落的那另一半，但你的成功机会必定会大打折扣。如果你单枪匹马上路，那么从迈出第一步开始，你就已经处于明显劣势了。

想想 Adobe、苹果（Apple）、佳能（Canon）、思科（Cisco）、佳明（Garmin）、印孚瑟斯（Infosys）、英特尔（Intel）、微软（Microsoft）、甲骨文（Oracle）和太阳（Sun Microsystems），这些公司有什么共同点？没错，自从初创以来，它们都获得了令人瞩目的成就，发展成了世界企业中的翘楚，但它们的共同点不止这个。上述每一家企业都有两个以上的创始人。

如果没有保罗·艾伦（Paul Allen），比尔·盖茨（Bill Gates）能走多远？N. R. 穆尔蒂（N. R. Narayana Murthy）能否独自建立印孚瑟斯？大概不行。当穆尔蒂与另外六个人联手之后，他们创立了印度数一数二的高科技企业，七名联合创始人全都成了亿万富豪，穆尔蒂也进入了一些全球最具声望和实力的机构的董事会，例如汇丰银行（HSBC）、联合利华（Unilever）、联合国基金会（UN Foundation）、欧洲工商管理学院（INSEAD）、沃顿（Wharton）和福特基金会（Ford Foundation）。

世界上有成千上万的人，希望抓住众人垂涎的良机，借助顶尖的创业孵化器的力量，把自己的创意提升到另一个层次。或许你就是其中之一？你对自己说，你是个独行侠，希望凭借一己之力把企业做起来，因为这更需要胆识，也更值得敬重。然而，有证据表明，事实并非如此。如果你是独行侠，很可能就没希望加入一流的创业孵化项目了。Y Combinator 的联合创始人保罗·格雷厄姆（Paul Graham），还有 TechStars 的联合创始人大卫·科恩（David Cohen）见过足够多的例子了，他们很清楚，单人创业的成功率比较低。没有哪个顶尖的创业孵化项目会接受单一创始人的团队，因为胜算太小。你想跳过这一环，直接找风险投资吗？可风投基本上也是这个想法，他们也要找"完整的轮子"。

保罗·格雷厄姆最近写了篇文章，名字叫做"扼杀创业的 18 条错误"。这位传奇的创业家和投资人把哪一条排在了第一位？

单一创始人。

效率加速器 1

找到创业好搭档

驾驭能量的浪潮

乔丹·麦尔纳

你不仅能看见它朝你涌来，还能感觉到海水下层的逆流在涌动，随即浪头升了起来。你迅速地划着水，越来越期待那一刻的到来，水声就在耳边。突然，你的身体移动得更加轻捷，开始加速。你多划了几下，很费力，心跳越来越快。最后一下子，你感觉到身下水波的力量，于是挺身在冲浪板上站直。随即那一刻到来了……驾驭海浪的感觉无以伦比，所有的感受都在同一刹那一起涌来，你在水面上轻松自如地滑行、转弯。你感觉到脚下水波的力量，虽然不知道这种感觉能持续多久，但，这真是太刺激了。浪头渐渐退去，你感到幸运，你抓住了机会。

有时候，工作这回事挺折磨人的。早晨到了办公室，却一点状态也没有。你找出要干的工作，费劲地做起来。你强迫自己勉力去做，只是因为它摆在你眼前。你感到自己就像趴在滑板上胡乱划水一样，早早进到办公室,很晚才回去,然后洗洗睡。如此一天一天,循环往复。

可有些时候一切都顺畅无比,你确实能感觉到那股劲儿。写起报告来,下笔如有神,本来要花好几个小时才能做完的活儿,20分钟就完成了。贾森·弗里德(Jason Fried)明白这种感觉,也知道如何能让这种状态多来几回——他知道如何驾驭"海浪"。

弗里德真是个颠覆性的新生代创业家。在行业内,大家都很尊敬他,不单是因为他的产品好,也因为他的行事风格。他是个特立独行的人,敢于挑战现状。他的经营之道称得上另类,而且全世界都注意到了——他写的那本《重来》(*Rework*)成了风靡全球的畅销书。

贾森·弗里德是37 Signals的创始人之一。这家位于芝加哥的公司于1999年成立,与他一同创业的还有欧内斯特·金(Ernest Kin)和卡洛斯·赛古拉(Carlos Segura)。他们最初做的是网页设计,但命运另有安排。2003年,一位名叫大卫·汉森(David Heinemeier Hansson)的丹麦程序员加入了进来,为的是写个软件,把公司的一堆设计项目有序地管理起来。结果这个项目管理软件在客户群中成了抢手货,它太热门了,以至于2005年公司开始把全部精力转向了互联网应用。如今37 Signals的客户有数百万人,他们做出了一些最好用的工具软件,比如Basecamp、Highrise还有Campfire,这些软件令协同工作变得更加简单方便。这家公司如今的利润有数百万美元,他们肯定做对了某些事情。

除了接受过一个天使投资人之外,这家公司一直靠自己的资金运作。不计其数的投资方都想加入进来,可只有一位得偿所愿——亚马逊的创始人杰夫·贝佐斯(Jeff Bezos)。

但是,说起贾森·弗里德,更让人不可思议的或许是这个,他的生活真的很平衡。他过得很快活,会享受人生,而且每周的工作时间不到40小时。

当很多创业者吃力地赶着完成每天的工作时,贾森却开开心心地就把事做完了。他是怎么做的？如何既能高产，又热爱自己在做的事，还能感到精力充沛，而不是累得直喘？他是怎么驾驭"海浪"的呢？

选择做什么、何时做，贾森有自己的一套。他会留意自己的精力状态，根据情况来决定做什么事情。他的行程安排得很灵活，根据身体和头脑的状态来工作，而不是跟着钟表来。

"你要问问自己，眼下我最适合做什么事？要是我觉得现在没多少灵感，那就别做跟创意有关的事，不要因为现在是'工作时间'就逼着自己干活。应该做自己想做的事。有时候是付账单，有时候是写封信，什么都行。现在是几点钟，我人在什么地方，这些都无所谓，我觉得现在的精力适合做什么，我就去做。"贾森在 Skype 上对我说。

忘了"朝九晚五"这回事吧。挑最适合的时间段工作，做当下让你最有干劲的事情。跟随自己的精力状态做事，灵活地安排时间，你就能抓住更多"海浪"。**当你感到一波"能量浪潮"就要涌来的时候，作好驾驭它的准备。**灵活一点，不停问问自己，"眼下我最适合做什么事？"然后就去做。此时，比起强迫自己去做其他的事，你肯定完成得更快，干劲也更足。跟随自己的精力状态做事，而不是跟自己较劲，你的效率会更高。一天的不同时段里，人的精力状态是不一样的，每个人都有自己独特的精力周期。找出最适合自己的时间安排，跟随自己的能量波动做事情吧。

按自己的想法生活，别理会常规。

效率加速器 2

大胆点，跟随自己的能量波动来安排时间

先做个小试验

马丁·本耶格伽德

1996 年,麦当劳推出了"豪华汉堡"计划,希望吸引到更多成熟的、对品质更有要求的消费者。当时,这是公司有史以来最野心勃勃的产品创新行动,投资额达到了 3 亿美元。先是焦点小组、消费趋势分析、产品开发,然后,一场昂贵的市场宣传活动拉开了序幕。可不幸的是,消费者并不买账,豪华汉堡很快就从菜单上撤了下去。那一年,在伊利诺伊州的麦当劳总部,3 亿美元打了水漂。

在大公司里,这种错误很有破坏性,也很昂贵,可日子照样能过。或许一两个高管会卷铺盖走人,但企业的品牌、资产负债表还有组织本身,一般都还能站稳,足以挺过风波。但在初创企业里情况就不一样了。你的弹夹里只有寥寥几颗子弹,万一没瞄准,游戏就结束了。你还没来得及大干一场,现金袋子就见了底,信任度也没有了。

焦点小组和问卷调查是咨询顾问和学院派爱用的工具,可对创业者来说,却是致命的误导。在焦点小组里,人们说出来的,都是他们认为你或其他组员爱听的话。而拿到调查问卷的时候,大家一般都草草勾完了事,心里只想着快点应付完这烦人的活儿。**跳过这些耽误事儿的小花招吧,直接走到潜在客户面前,试着把你的产品卖给他们。**在投入一大笔钱做完产品之前,一定要先试试水,否则你就是在冒险——你正在鼓捣的东西,可能客户压根就不想要。

在 Rainmaking,我们的一条首要原则就是,先做个小试验。开发新产品是这样,招聘新员工是这样,创建新公司也是这样。设计个小试验总是可行的,虽然在这么早的阶段就得面对客户,人难免会感到有点不大自在。绝大多数人更愿意作作研究,看看调查结果,而不是走出去销售。

直接跟客户交流,你很快就会知道这个创意究竟有没有前景。你可以用 wordpress 或 illustrator 软件做个小样,用纸模都可以,只要做出一个能传达你想法的样品就行。顾客也喜欢参与到研发过程中来,所以你坦白直说就好,告诉对方你想听听他的意见。

在 Rainmaking,要是我们的做法跟麦当劳的豪华汉堡行动一样,那我们肯定早就倒闭好多回了。过去五年里,我们创立的公司大约有一半都停业了,但每次耗费的时间和资金都在可控范围内。借助"小试验",我们每次都能以最小的投资,收集到真实的市场反应。

举个例子吧。有次我们在挪威的奥斯陆建了个公司,我们感到产品销售不成问题,于是就直接跟客户会面了。尽管当时我们还不明确要卖什么具体产品,但想法已经差不多成型,于是我们开始向客户销售概念。

我们没有花时间和资金去租办公室,因为在那个区域,客户一般不会去供应商的办公室。我们采取的唯一行动就是拿出 4～6 个月的时间，跟潜在客户开几十次会。一开始，我们觉得一切都很顺利，因为买家的反应都挺好的，也很友善。然而，第二次或第三次见面之后，当我们请客户下订单时，那种顺利的感觉不见了，几乎人人都婉言谢绝。我们学到的经验是，奥斯陆的人都非常礼貌。尽管他们愉悦地点头微笑，但人家真正的意思是"谢谢你，但我不需要"。我们抽身而退，值得欣慰的是，我们没有花时间和资金去采购产品，没有装修办公室，因为这个新公司不大可能在市场上站得住脚。

如今，当一组有才华的创业者向我们提出申请，希望我们投入时间和资金的时候，我们双方会商定一些具体的目标和任务。这样一来，双方就有具体的事情可以合作了。在这个过程中，我们可以发现彼此是否拥有相同的价值观，也可以看到这个创业团队的执行能力如何。我们不会坐在桌前看 PPT 演示，或是看 excel 表格做得是否符合标准。试着跟未来的团队成员或创业者一起工作一段时间，这样不但双方都节省了时间和资金，而且你们同做的这些事情也可以算是双方了解彼此的一部分，比起 PPT 和 excel，这更有趣，也更令人愉快。

效率加速器 3
养成习惯，做任何事之前，都先来个小范围试验

每天要睡够

乔丹·麦尔纳

客户们等得不耐烦了。门终于打开，董事会主席踉踉跄跄地走进会议室。他从果盘里抓起一只香蕉，剥了皮，然后拿起一杯去洗。随后他转向客户们，口齿不清地嘟囔着："各位先生们……我们……开始谈正事吧。"

你肯定不会醉醺醺地去上班，但研究表明，睡眠不足的许多症状跟酩酊大醉十分雷同。创业的人有多少次疲惫地熬夜加班？华尔特·里德陆军研究院（The Walter Reed Army Institute of Research）的托马斯·巴尔金（Thomas Balkin）指出，睡眠不足会让大脑的某些区域变得反应迟缓。

说得更具体点，就是睡眠不足会让负责高水平思维的前额皮质，以及从感觉器官传递并处理信息的丘脑，受到严重影响。

国际人权协会(International Society for Human Rights,ISHR)指出,在国际法中,剥夺睡眠属于虐待行为,联合国的看法也是这样。ISHR 阐释说,如果人长时间睡眠不足,就会导致神经系统崩溃,生理和心理的许多方面也会受到严重伤害。所以,如果你正打算创立下一个谷歌,并且经常熬夜干活,那你最好还是多想想吧。

梅奥医学教育和研究基金会(The Mayo Foundation for Medical Education and Research)的研究结果也表明,缺乏睡眠很可能会直接导致反应迟缓、精神病变、肥胖、免疫能力低下,罹患某些长期疾病的风险也会增加;同时,某些病症的程度也可能加重,诸如高血压、心脏病、糖尿病和记忆力衰退等。专门研究衰老问题的伊娃·范高特(Eve Van Cauter)教授发现,睡眠严重不足的时候,人体内新陈代谢和内分泌的变化与衰老过程十分类似。既然有这么多证据都表明缺觉如此有害,那你应该保证自己睡够。有人说,死后即可长眠。可讽刺之处在于,要是你真的将此作为座右铭,天天缺觉,那一天很可能来得比你想象中早。

2009 年 10 月 21 日,星期三,一个消息震惊了印度和全世界,为人们敲响了警钟。SAP 印度分公司的 CEO 兰詹·达斯(Ranjan Das)因大面积心肌梗塞过世,时年 42 岁。兰詹毕业于哈佛大学和麻省理工,成就斐然,看上去是个非常健康的年轻人,他定期锻炼身体,参加马拉松,饮食习惯上也很留意。可一直以来,他每天只睡 4 小时,这在创业家和商界领袖当中不算罕见。缺乏睡眠会增加心脏病发作的风险,这如今已经是确凿的事实。在大企业中,这种迹象越来越多了。看看另一个例子吧,很多人都知道这件事,2011 年 12 月,英国银行业巨子、劳埃德银行集团(Lloyds Banking Group)的 CEO 奥尔塔·奥萨里奥(Horta-Osario)由于体力透支和睡眠障碍引发的压力,不得不病休 2 个月。就算缺觉不会影响寿命,也会影响你的生活质量和工作效率。如果长期睡眠不足，你不但没法享受人生，做出商业决策的能力也会受到影响。**如果把人生比做延伸到海洋中的栈桥，那睡眠就像是支撑一切的桥墩。**

好消息是，缺失的睡眠是可以补回来的。加州斯克里普斯诊所睡眠中心（Scripps Clinic Sleep Center）的丹尼尔·克里普克（Daniel Kripke）发现，每日睡眠时间介于 6.5～7.5 小时的人最长寿。世界上很多类似研究都支持这个结论。很多人还建议在午夜前入睡，因为此时入睡带来的益处要比午夜后入睡要强得多。对于创业者来说，每天晚上多睡一小时，是最好的商业决策。而且，你的感觉肯定也会变得更好。

效率加速器 4
把觉睡足，这是头号大事

敢于与众不同

马丁·本耶格伽德

2002 年，托斯顿·赫韦特(Torsten Hvidt)和四位朋友一起，踏上了一条充满艰难险阻的道路。

起码在外人看来是这样。这五个人想为斯堪的纳维亚半岛上最大的企业群体提供战略咨询服务，可他们的竞争对手包括好几家全球著名的咨询公司，这些公司的智识资本、业绩、与财富五百强 CEO 们共进晚餐的次数，足矣让任何一家想干出点事业的独立咨询顾问脊背一凉，打个冷战。

但托斯顿和朋友们有个秘密武器，他们并不比对手更聪明、更勤奋、更野心勃勃。要比这些的话，基本上没人比得过那些大公司。他们有种独特的品质。在托斯顿公司内部，这种品质有个专门的名字，叫做"人咬狗"。公司里还有一个每月颁发一次的同名奖项，奖给"咬得最轰动"的团队成员。这个理念帮助他们迅速发展成一支拥有 150 名优秀战略咨询顾问的团队，分公司也开到了哥本哈根、斯多哥尔摩和奥斯陆。他们的忠实客户名单包括嘉士伯（Carlsberg）、马士基（Maersk）、诺和诺德（Novo）、乐高（LEGO）以及维斯塔斯（Vestas）等世界级公司。他们与客户之间的关系如此紧密，以至于有些客户同意他们用自己企业的名字为会议室冠名，用产品来布置办公室。所以，要是你有一天去 Quartz & Co. 的办公室开会，做好玩乐高玩具的准备吧，不过可别把那个大啤酒罐模型给推倒了。

托斯顿已经成家，有 4 个孩子。绝大多数时间里，他每晚六点回家。他喜欢跟家人和朋友经常出去度假，跟人热火朝天地讨论文学和足球。托斯顿不爱听陈腔滥调，不愿用过于简化的词儿来描述人生，所以我就不用"圆满"或"完美"这样的词儿来形容他的生活，在此也不多谈他的成就了。简单来讲，他创立了一家非常成功的企业，同时依然有时间留给家人、朋友和自己。

可什么样的人会去咬狗？这问题问到了点子上。假如你看见报纸头条上印着"有条狗咬了人"，你会买吗？多半不会。可要是上头写着"有个人咬了狗"，那就很吸引眼球了。托斯顿和同事们正是抓住了这个概念的实质，并且运用到了实际当中。

"我们做的每一个项目里，都必须要有'人咬狗'这样的元素，"托斯顿解释说，"我们希望每一个咨询顾问都能做到创新、标新立异，能打破庸常，出奇制胜。我们竭尽全力，避免客户被 PPT 烦死。我们愿意冒险，在做演示和提案方面，我们做过相当大胆的事情。"

托斯顿告诉我，有次他们跟一家位居业界老大的国际公司竞争一个咨询项目。项目的内容是物流优化，项目经理想出了一个主意，不把演示方案打在投影幕上，而是把会议室的每一面墙都利用上，把提案的核心要点生动地表现出来。"这办法很冒险,客户很可能会摇头。那时我们还没签下合同呢,就把客户的会议室给挪了个乱七八糟。但客户接受了这个方案,他们觉得耳目一新,最终选择了我们,部分原因就是我们敢出奇招。我们的基本理念是,在问题解决的质量上,必须跟世界上最优秀的咨询公司一样好,但在形式和活力方面,要做到更胜一筹。"托斯顿这样说。

Quartz & Co. 在公司内部管理上也奉行这个原则,做法十分独特。比如说,公司里不设头衔。"我们的上下级关系要看具体情况。做项目的时候,有跟随者的人就是领导者;我们都当过领导者,也都当过跟随者,我们管这个叫'领导与被领导'。"托斯顿说。除此之外,Quartz & Co. 里面没人有私人办公室和专用停车位,就连创始人也没这个特权。

这种独特气质的回报很容易看得出来,Quartz & Co. 就像个磁石似的,吸引到了大批人才。"我们从来不发那种传统的招聘广告,大家都主动来找我们,因为他们特别认同这种行事风格。"托斯顿说。

标新立异的概念不算新鲜。2002 年,赛斯·高汀在他的畅销书《紫牛》(*Purple Cow*)中告诉我们,在营销中,一头紫色的牛,以及一切"奇怪"的东西都更容易吸引人的注意力。自打第一个穴居人突然修剪了自己的头发,把更守传统的朋友们吓了一大跳或是逗得哈哈大笑,这个概念八成就已经存在了。

然而,在很多方面,我们的做法依然太过雷同。当年德里克·西弗斯(Derek Sivers)想到一个主意:给在他的网店上买了东西的顾客发一封幽默的"感谢信"。他是第一个这么做的,并且因此得到了好多关注和祝福。可为什么之前就没人想到过呢?为什么成千上万的网店只会把同样几句干巴巴的标准词句复制粘贴过来?或许是因为人类是群居动物吧。我们就是这样生存下来的,很多时候模仿是个不错的品质。**可这**

也意味着，在这个大家都相似得吓人的商界里，你有无限的机会来标新立异。

抛砖引玉：

- 为什么每间会议室里都得摆上桌子和椅子？
- 为什么所有的实体书（包括这一本）都是长方形的、还印刷在纸上？
- 为什么所有的商店都在 12 月挂起圣诞装饰？
- 为什么金融行业的男性职员都打领带？
- 为什么硅谷的创业者都不打领带？
- 上次你做了一件极为与众不同的事情，引得众人驻足观看，是在什么时候？

> 效率加速器 5
>
> 动动脑筋，标新立异

别怕点子小，动起来最重要

乔丹·麦尔纳

在物理定律中，动量等于质量乘以速度。动量守恒定律阐明，除非有外力作用，否则封闭系统的总动量保持不变。尽管自然界的规律不能完全映射到商界中来，但基本原理依然成立。一旦创业者的成绩达到了一定水准，这股动量往往能支持他一直走下去。如何获得初始速度，这个问题很难说清，但一旦你动起来了，物理定律总是站在你这边的。

几乎人人都听说过马克·扎克伯格（Mark Zuckerberg）的大名，还有他如何凭借 Facebook 改变了人们的社交习惯，并挣到数十亿美元的故事。但恐怕没那么多人知道，Facebook 不是他的第一颗成功果实（不，也不是 Facemash）。

还在上高中时，年轻的扎克伯格就初露锋芒，写了个音乐方面的应用程序——Synapse。这是个音乐推荐系统，使用人工智能来掌握用户的听歌喜好。这个程序很受欢迎，最终获得美国在线（AOL）和微软两家公司的青睐，他们都提出了收购计划，也希望把这个年轻人才招致麾下。但就像是在预演未来一般，马克拒绝了。可这股动量和劲头一路伴随着他，支持他最终创立了Facebook。就在短短几年后，他拒绝了另一个收购建议，这次抛出橄榄枝的是雅虎，开价达到10亿美元。2012年初，Facebook估值1000亿美元。

查德·楚奥特万（Chad Troutwine）是另一个借助动量的创业家。大学刚毕业的查德跟搭档一起创业，在家乡密苏里州（Missouri）的堪萨斯（Kansas）做房地产。他们发觉一块社区有升值空间，于是着手把旧仓库改建成共管式公寓。做了几个聪明的决策，加上边做边学，两人很快就成功了。公寓很快就售罄，他们大赚了一笔。这次成功教会了查德很多宝贵的东西，他也因此变得更加自信，敢于尝试更大的事情了。这次成功让他获得了能量，带着胜利的势头，查德继续跟人合作创办了Veritas Prep（一家国际考试培训机构）和另外几家企业，很快他的照片就登上了《创业家》（*Entrepreneur*）的封面。

哪怕是个小小的成功，也能帮你建立信誉、人脉，给你继续走下去的自信。

如果可以，就从大处起步；如果你的想法很小，也别不好意思，尽管做起来，获得能量。眼下你正在做的事或许不值10亿美元，但这是重要的一步。不管你做的是什么，继续做下去。很多人总是在等，等有了"大点子"再动手。千万别这么想，别管大小，尽管去做。你会得到能量的，而干等的结果往往是继续干等。

效率加速器 6
别坐在那儿干等，行动起来吧

以人为本

马丁·本耶格伽德

有的领导者每天起早贪黑,辛辛苦苦地干活儿,企业却一直做不大;有的领导者从容淡定,没作出巨大牺牲,却成绩斐然。这两种人的区别在哪里?

区别就在于能否找到合适的人才,激励他们,鼓舞他们,创造出恰当的企业文化。人人都知道这个答案,可对于绝大多数人来说,要做到这一点,还有漫漫长路要走。

此处就要听取亨里克·林德(Henrik Lind)的建议了。亨里克是Danske Commodities、Lind Finans 以及其他好几家成功企业的创始人,他也因此跻身丹麦顶尖创业家的行列。过去三年中,这些企业的税前利润合计超过 1 亿美元。要知道他创业才七年,而且是白手起家的,这番成就可不一般呐。

亨里克拥有这么多公司，而且成绩斐然，你多半认为他是个骄傲自大的工作狂吧。可这个形象跟他丝毫不沾边。亨里克在小镇里长大，家境中等，为人踏实，以家庭为重，十分享受妻子和三个孩子的陪伴。

在他典型的一天里，他会晚上五点钟左右到家，把孩子哄睡之前，他有充足的时间跟他们玩耍。他把出差压缩到最少，每个月只出门几天。每天早晨是他把孩子们打点齐整，作好上学的准备，而且他跟太太一样，是孩子们半夜醒来要找的人。

关于成功和幸福，亨里克有很多经验可以传授。在采访中，他一上来就提到了一点，他认为这是自己取得成功的最关键因素——互动，在这个问题上他从不吝惜时间。

"身为 Danske Commodities 的 CEO，公司的每场面试我都参加，每位员工的业绩评估会我也都会去。这的确挺花时间的，因为我们每季度评估一次，但在我看来，这是最重要的事，值得花时间。这意味着清晰明确的沟通，让新员工与公司都明白对彼此的期望。这还意味着，在目标和职责上，我们跟每个同事都达成一致，并且巩固了公司的文化。"亨里克告诉我们。"Danske Commodities 的企业文化棒极了，每个人都很有干劲，很负责，而且踏踏实实地做事。有了这么多人才，公司就可以快速发展壮大，永远不会遇到瓶颈。"他补充说。

亨里克的确做到了以人为本。在办公室里，他把自己的绝大部分时间都开放出来，同事们想找他都找得到。大家想到了好主意，随时可以告诉他，想听建议或分享计划时也可以去找他。最近他找了一位新CEO，而他自己现在正在渐渐习惯董事会主席的角色。

亨里克继续说道："在我们公司，意见的价值远比提意见的人是谁更重要。就算提出好想法的是刚毕业的学生，我也会给他们资源和空间，让他们去做。我认为，如果人家来找我，那多半因为他们觉得我可以帮得上忙。"

起初，这种做法看似效率很低，因为他花费了大量的时间参加内部的会议和讨论。可实际上，恰恰正是因为这种做法，他才有时间陪伴家人。

他创建了一支可以自我管理的团队，他发自内心地关心员工，有求必应，这种富有同理心的领导风格巩固了公司的文化。有多少领导者和创业者敢拍胸脯保证，自己也是这样做的？如果你能做到这些，工作效率必然会成倍增长。

效率加速器 7
为团队成员留出充足的时间

走出车库

马丁·本耶格伽德

莫斯科城东一个摩登的会议中心里，当我的俄罗斯联络人向尼克·米卡哈洛夫斯基（Nick Mikhailovsky）解释为何我想访谈他的时候，他腼腆地笑了。

"榜样？我只是个普通的创业者啊，努力把企业做好，照顾好家人。"可尼克·米卡哈洛夫斯基绝非平庸之辈。

在出类拔萃的职业生涯中，尼克积累了很多经验。或许最有价值的一条就是：合作和灵感是创业的巨大动力，这样的氛围能给予人极大的帮助。然而尼克刚走进职场的时候，却没那么幸运，他没能遇到这样的环境。

获得了应用数学的硕士学位之后，他在 1993 年找到了第一份全职工作。那个项目有个宏伟的愿景——为军队设计隐形战机。可当时冷战刚刚结束,对于军事科技的需求有所降低,不久合同终止了,尼克丢了工作。

为了养家,他为三家小公司制作网页,同时还负责内容管理和维护。"我大概算得上俄罗斯第一批网管了。"他回忆道。

后来他进了一家IT公司,公司的客户之一是俄罗斯中央银行(Central Bank of Russia)。尼克找到老板,游说老板采纳他的建议:开发一个软件,运用当时最先进的网络科技,让俄罗斯各银行之间进行高效而安全的线上转账。老板批准了。1998年,这个软件在俄罗斯中央银行上线测试。一年后,俄罗斯银行间80%的转账业务都使用了这个系统。直到2006年这个系统才被替换掉,届时,它每天完成超过100万笔交易。

但尼克并没有就此止步。1999年底,他感到乏味了,于是他加入了俄罗斯当时最炙手可热的一家初创企业Aport.ru,担任首席技术官的副手。这家新企业做搜索引擎,十二个月之内,员工数目就从10人飙升到200人。四个月后互联网泡沫破裂,尽管战略投资人准备收购公司,但尼克的直觉告诉他,形势不对劲,该换地方了。

他听从了直觉的判断,尽管稍后证实他的直觉是对的,可他再一次失业了。

这一次,他觉得创业的时机到了。他与四名旧同事联手,创办了一家IT外包公司,提供高质量的网络解决方案。如今,NTR Lab拥有50名全职程序员,而且利润丰厚。从2006年以来尼克投资了另外8家初创企业,其中一家的员工规模已达40人,发展势头十分稳健,其他几家也都在顺利成长。

身为天使投资人,尼克绝不墨守成规。如果条件允许,他会把旗下所有最新的创业企业都放在同一个屋檐下,自己担任运营角色。这个办法其实是他无意间发现的,却因此悟到了一条最重要的心得——"如果你把好几个初创企业放在一起工作,他们会发现彼此的盲点,帮助对方全面发展,因为人人都乐意发挥自己的长处。"

"我的一家初创公司里有个特棒的销售员。有一天,邻座的团队都出去吃午饭了,他替他们接了个电话。电话是个潜在客户打过来的,尽管这不是自己公司的事儿,可他下意识使出了浑身解数,要把生意给谈成,结果他还真谈成了。隔壁团队吃完饭回来,听到这个消息都欣喜若狂,可也困惑得够呛,这些内向的程序员们不敢相信,竟然这么早就能把产品卖出去。"

"这只是个小例子而已,却能说明一个极其有用的道理。"尼克说。

尼克并不是唯一一个发现这个道理的人。创业人士们一开始在车库(或是客厅)里工作,而不是跟其他创业者们共处一室。为什么要这样做呢?车库的租金便宜,而且你爸妈、你的另一半随时能进来端一杯新煮的咖啡给你。

可车库创业的劣势也很明显。如果你和团队成员们忽视了机会,谁来提醒你们?谁会自动自发地跟你分享经验?不同的人的能力和视角可跟你完全不一样,你得先知道自己哪些地方不懂。如今,我们把孵化器称之为"创业加速项目",成千上万热切的创业者们蜂拥而至。绝大多数创业者都渴望能跟一大群不同想法的人才聚在一起,共度一个周末、几个星期或是几个月。他们心里清楚,共同工作创造出来的动量,没有哪个车库能与之相比。

尼克一心要塑造出这种环境,让各个创业团队彼此借力,互相扶持,发展壮大。在尼克看来,发挥出最高效率是必要条件,因为他可不想把所有的时间都耗在电脑前和会议室里。

"我自己亲身经历过,后来发现每周 60 小时的工作方式不适合我,从身体上我都能感觉出来。周末那么宝贵，我要跟太太和三个孩子一起过。冬天的时候，我就去树林里滑雪，从莫斯科郊外的家，出门走五分钟就进了林子，我经常一天去两次。"尼克说。

不知是因为滑雪时的新鲜空气呢，还是因为能做自己热爱的事，39岁的尼克显得比真实年龄年轻很多。从西伯利亚的老家走出来，最终成长为莫斯科的成功企业家，尼克的道路充满了艰难，却丝毫没有影响他的幽默感和对生活的热爱。

效率加速器 8

跟其他创业者一起奋斗，

在那种活力满满、相互启发的环境里工作

别太卖力

马丁·本耶格伽德

不知你有没有注意过这种情况，出类拔萃的成功人士总是比咱们显得更加气定神闲。可从理论上来说，他们的压力应该更大才对啊？为什么董事会主席一派淡定从容，而助手们总显得紧张焦虑？

当我们去采访书中的榜样人物时，总是看到同样的情景，无论在哪个国家都一样。尽管这些人执掌着成功的大企业，或是运营着头绪繁多的初创企业，可没有一个人看上去紧张兮兮的。

一个可能的解释是，他们之所以这样从容，是因为他们已经取得了这么大的成就，终于可以放松下来，喘口气了。可实际上因果关系刚好相反，他们之所以能取得现在的成绩，正是因为他们可以在忙乱中定下心神，从容行事。

通往成功的道路应当是气定神闲地走过去的，这看似有点违背常理，起初我自己也很难接受这个说法。

直到武术冠军、冥想教练韩宁·达文尼（Henning Daverne）让我想想自己有哪些当之无愧的最佳表现时，我才转过弯来。他要求我想的是那些真正巅峰的时刻，随即我明白了，当我不断逼着自己好好干的时候，我能取得的成绩其实是有限的。那些最让我骄傲的业绩，全部都是在一种行云流水般的状态中完成的。在这种时刻，一切都水到渠成，发挥往往超出平常水准，这就是"举重若轻"。

当年做武术选手的时候，韩宁自行领悟到了放松的诀窍，因此迎来了战绩上的突破。那是 1989 年在瑞典的一场比赛，他的对手强劲，双方不分上下。韩宁发现，光拼体力的话，他肯定打不过，于是转变了策略。

他开始放松下来，深呼吸，从激战中"抽身"出来，镇定地观察战局。突然间，他一招即中，打败了对方。这是因为他聚精会神，关注当下，内心从容镇定，不再刻意努力，反而能够很容易地作出下意识的反应，丝毫没有犹豫，也用不着逼迫自己。这场比赛韩宁赢了，后来他继续使用这个"心法"，最终成为全欧洲最顶尖的咏春拳手之一。

你见过这样的情景吗？有的销售人员太想拿到订单了，结果整桩交易被他攥紧的拳头生生捏碎。又或是年轻的咨询顾问急迫地想要拿出优秀表现，却惹恼了整个部门，成为众矢之的。

如果这样的故事发生在漫画里，我们会嘲笑这些倒霉蛋，或是可怜他们。但事实是，我们都曾经做过同样的事。太卖力，太刻意，太想做成，反而事与愿违。

举重若轻，你不但能得到更好的结果，还能做得不那么累。还有个额外的好处就是，弦儿绷得没那么紧的时候，你能更轻松地从一件事切换到另一件。

> 效率加速器 9
> 放轻松，享受过程

掌握倾听的艺术

马丁·本耶格伽德

比尔·廖(Bill Liao)是个事业有成的澳洲企业家兼慈善家,如今住在爱尔兰。他是个非同寻常的人,成功的秘诀也非同寻常——他特别会倾听。

毫无疑问,无论做人还是做事,他都非常成功。他的气质里有种少见的混搭,既沉静,又有感染力,他笑起来的样子开朗快活。或许这不纯粹是巧合,他取得了许多骄人的业绩,却没有骄矜之气。

廖是七次 IPO(首次公开募股)的背后推手,其中包括 XING. com(这是一个为专业人士服务的社交网站,2006 年成为欧洲第一家上市的 Web 2.0 公司)。2009 年德国的 Burda Media Group 买入 XING 25% 的股份,这家公司的估值约为 2.87 亿美元。今天,廖身兼数职,是投资人、慈善家,也写书、作演讲。身为风投公司 SOS Venture 的创始人之一,他投资了多家优秀的公司,其中包括 TechStars 和 500 Startups。他还给自己定下了一个目标：2020年之前植树2万亿棵，并为此成立了一个非政府组织WeForest.org。该组织官网上的计数器显示，首批983993棵树已经种下，正在缓解人类的二氧化碳排放。在廖的心中，二氧化碳是个重要的东西。一次，他搭了一艘货船前往美国，路上花了三个星期，可这趟旅程百分百环保，这趟旅行也让廖有充足的时间来思考。

被问到成功的秘诀时，他答道："我成功的关键就是倾听。我用耳朵听，用直觉听，用整个身体来听。当我说话时，我用眼睛和感觉来听。我总是在倾听。"

"面对困境时，办法就是静下来。" 待我请他继续的时候，他才接下去说，"无论是达成交易，还是解决跟太太的冲突，这个办法都管用。在澳洲昆士兰，我认识一个名叫瓦克的二手车销售员，他经常对我说，'每一桩生意里都有个黄金沉默点，先开腔的人会拥有一辆好车。'瓦克真是个少有的人才，就像诚实的二手车销售一样世间少见。他卖出去的车比其他同事都多。他的办法就是先勾起客户的兴趣，建立信任，处理客户的反对意见，然后瞅准时机问出一句'咱们把订单填了，怎么样？'，之后他微微颔首，带着一丝笑意看着客户的眼睛，然后等待，继续等待。"

不错，倾听能促成销售。"但应用到管理上呢？"我问廖。

"以前我有个同事，突然间就像变了个人似的，状态糟糕极了。原来她新交了个男朋友，这人把她弄得快崩溃了。在内心深处她知道这样子不好，可还没下定决心。如果我告诉她，这段感情对她没好处，你觉得她会有什么反应？八成她会离开公司，而不是离开那个人。相反，我问了几个问题，仔细听她说。结果她说着说着，自己就明白过来了。她回到家，跟那人分了手，又变回了之前那个开开心心的女孩子，也变成了好同事。"这就是我得到的答案。

你大概会想，比尔·廖肯定是问了一些聪明到家的问题，可他最爱的三个问题充满了简约之美：

- 跟我说说那件事吧。
- 那样做明智吗？
- 那样做对你意味着什么？

"问出的问题不一定非得深思熟虑不可，"廖说，"比较难的在于，你要保持安静，忍住提建议的冲动。"

对方在倾听我们述说的时候，我们是开放的；面对评判和意见时，我们会把心灵封闭起来，开始争辩，或是替自己辩护。这些话我们以前都听过，可这些创业者都是点子多多、心怀愿景的人，对他们来说，倾听有那么重要吗？

"培养一个成功的企业，秘诀就是培养优秀的人才。怎么做到呢？方法就是倾听他们的声音。"廖的回答很简单。

如果倾听这么重要，那为什么这么多人不会听？绝大多数时候，我们听着别人说话，其实是在等着说出自己的答案。我们在寻找谈话的空当，这样就可以插进去发表自己的意见了。

"人人都有'自我'，我们经常是在想办法取悦它，而不是尽力去理解对方的想法。克服这种冲动的诀窍就是清空脑子里的念头，关注眼前的一切。头脑被各种各样的想法占据的时候，'自我'就会变成危险的东西。可是，当我们全身心投入当下的时候，'自我'顶多是个'调味料'而已，我们就可以不带任何主观色彩地倾听对方的声音了。"廖对我说。

可是，生气的时候怎么办？我们被人激怒或是感到威胁的时候呢？这种时候还要求我们保持冷静，倾听对方，会不会不大现实？

"要牢记我们的大脑是如何运作的，这很重要。遇到危险的时候，大

脑的原始部分，也就是边缘系统会率先反应。不管你的教养有多好，撞到脚趾头的时候，你都会骂上一句。诀窍就是要意识到这种情况，尽快恢复到正常的状态。原始的脑区分辨不出我们受到的攻击是身体上的还是观点上的。尽管在身体受到攻击的时候，恰当的解决方案很可能是'是战还是逃'，但面对言辞攻击的时候，保持镇定，认真倾听，结果会好得多。"廖解释说。

"即便是在一个拥挤的房间里，如果你能专心地听别人说话，其他的人也会渐渐开始倾听。当人们由于观点不同，争论得越来越激烈的时候，你可以留心听听，他们的逻辑会变得简单，而且越来越简单。在这种情况下，我往往会选择倾听，而不是加入争论。专心听了一阵子之后，你说出来的话肯定比当时脱口而出的东西睿智得多。保持冷静和镇定，这才是最难的。方法是什么？要有同理心。想要保持冷静，同理心是个特别有用的方法。"

采访过后，我深受触动。除了他的观点之外，给我留下更深刻印象的是比尔·廖在谈话中阐述观点的方式。尽管我是采访者，可我感觉到他在认真地听我说。我感受到了理解，还感到我很想再跟比尔聊一聊。我想多了解他一点，想跟他共事，想从他身上学习。

下回我特别想张嘴说话的时候，我会特意先问问自己：眼下这种情况，我是应该说还是应该听？

> 效率加速器 10
> 专心倾听，真正理解对方的观点

玩转新科技

乔丹·麦尔纳

就在你阅读这本书的时候，世界各地有无数聪明人在紧锣密鼓地工作，想办法让你的生活变得更加方便。

从硅谷到西雅图再到纽约，从伦敦到慕尼黑再到东京，不计其数的创新人才使出浑身解数，开发更先进、更高效的新科技，把聪明的创意付诸实践，改变我们生活和工作的方式。他们让你的沟通更顺畅，工作更高效，学习更便捷。

当然了，他们干这个可能是为了钱，但确实也帮上了忙。他们甚至有专门的团队，确保你知道最近他们在做什么（市场营销），收取合理的价格、把东西提供给你（销售），还告诉你如何使用（技术支持）。在有些产品上，他们甚至还有一整支团队，确保这些创新产品能做得很好看，让你握在手里时很舒服，秀给朋友们看时很有面子（产品设计）。

在这个创新过程中，咱们绝大多数人扮演的是什么角色？我们只需在这些创新产品中挑挑拣拣，选出最有用的就行了，然后到商店里买下它，或是在网上直接订购。这交易挺合算的。

尽管我们还没能开着气垫车四处逛，也没能把一个东西瞬间从地球这头传送到那头，但我们的确已经拥有了一些神奇的技术。比如手里拿个东西就能上网，按个键就能免费打国际长途，还能在 iPhone 上喝啤酒（没错，真有这么个应用程序）。**对于那些希望过上平衡生活的人来说，好好运用 IT 科技，就是解决办法之一。**

施乐（Xerox）的首席技术官苏菲·范德布罗克（Sophie Vande-broek）深谙此道，她把技术的力量运用到了极致。

"借助 IT 技术，人不在办公室也能做完很多事，不必遵循朝九晚五的限制。写报告、作分析、作演示，不一定非得待在公司里才能做。许多人认为面对面沟通很重要，可我认为沟通的内容才是最重要的。在我的职业生涯中，我在家里完成了很多工作，这让我有机会做到工作家庭两不误，两边的乐趣都能享受到。我装了个大屏幕，不算什么昂贵的东西，就算是升级版的 Skype 吧。我就在自家书房里，用它跟世界各地的团队成员沟通。"苏菲说。

科技手段能令创业者的生活更轻松的例子不计其数。

想做个简单的市场测试？现在的速度比以前任何时候都快。使用 WordPress 这样的软件，只要几天时间（甚至几个小时、几十分钟），你的企业就能在网上露面了。

做市场营销活动则可以使用 YouTube，如果设计得合理（再加上一点儿运气），就能在极短时间内让数百万人看到。对于那些懂门道的人来说，如今信息曝光的速度和规模，是从前想也不敢想的。不到十年前，企业得花好几百万营销费用造声势，可影响力还不如现今几个孩子用手机拍个视频来得大。

用了推特(Twitter),你可以更高效地传播话语,跟朋友保持联系成了小菜一碟。协同工作从未如此简便,因为你可以使用 Basecamp 这样的项目管理系统,用 DropBox 共享文档,用 Yammer 或 HipChat 跟同事们保持联络。想让某位同事同步看到你电脑屏幕上的东西?用 Teamview 就能搞定。组织一场多人参与的会议?Doodle 让你省力又省心。用得好的话,科技手段能让事情变得简单又便利。

所以,要是你希望把生活变得更方便点儿,想想这些聪明的人才吧,他们正满怀热情地帮你解决问题呢。

效率加速器 11

让新科技和 IT 工具帮你做点事

改变大脑的构造

马丁·本耶格伽德

小提琴手的大脑跟你的不一样。研究证明,运用大脑的方式会影响它的构造,这就好比经常伏案工作的人,身上的肌肉肯定跟攀岩选手的不一样。

小提琴手的左手无名指每天要来回动好几个小时,因此,控制这根手指的相应脑区会形成更多神经连接。CT 扫描结果显示,由于演奏的缘故,小提琴手的这部分脑区增大了。如今绝大多数青少年不拉小提琴,但经常用右手拇指发短信,就像拉琴一样,大脑的形状也会发生相应的变化。

正如你可以训练大脑来拉琴或发短信一样,你也可以通过改变大脑的构造来提升你的决策能力、创意能力和交际能力。这些能力是由前额皮质负责的,与你享受人生、寻获内心平静的能力息息相关。

挺值得锻炼的一块地方,是不是?

通过对脑部的扫描,研究者们已经发现了哪些活动最能刺激这部分脑区。几乎所有的研究都指出,最理想的活动就是冥想。

许多年前,研究者们就对有冥想习惯的人(每天冥想至少 45 分钟,坚持 10 年以上)进行过脑部扫描,结果发现冥想能使大脑发生很有益的变化。与对照组相比,这些人大脑中掌控幸福感和解决复杂问题的区域都要大得多。

每天 45 分钟真挺长的,对于需兼顾很多事情、样样都想做得好的人来说,在头脑训练上投入这么多时间好像有些不大现实。由于平时用脑已经挺多的了,好多人更愿意在工作之余出门跑几圈,而不是花 45 分钟来盘腿打坐。

那么,想要见效的话,最少的冥想时间是多长呢?韩宁就是这么问自己的,他也向丹麦的脑科学家特勒尔斯·克亚尔问了同样的问题,他们二位把研究成果写进了新书《12 分钟成功训练:冥想让你更睿智、更宁静、更幸福》(12 *Minutes to Success—Meditate Yourself Wiser, Calmer and Happier*)中。原来,每天冥想 12 分钟,大脑就会发生变化,新的神经连接会建立起来,与他人合作的能力、专心的程度、感受亲密情感的能力都会得到提升。坚持做 2 个月左右,大脑的变化就能在扫描中看得出来。不过,为了持续享受这些好处,最好把这个习惯坚持下去。

在冥想的过程中,快乐荷尔蒙(即多巴胺、血清素和催产素①)的含量都会上升。与此同时,压力荷尔蒙(肾上腺素和皮质醇)的含量会下降,在十万火急的时刻,这些压力荷尔蒙会非常有用,但定期远离它们还

只赢不输

---

① 催产素是一种垂体神经激素,男女都有。当人体催产素含量上升时,会随之释放出大量能够缓解压力、延缓衰老的激素,能促进细胞重生。——译者注

是非常有必要的。不这样的话，我们的免疫力会减弱，记性也会变差，会产生精疲力竭的感觉，或是变得焦躁不安（腿在发抖，是不是？）。

我们可以把冥想想象成一种心智资本。**做冥想的时候，你把过去和未来的资产都收了回来，全部倾注在当下，在此刻。**拥有这种心智资本的人很容易一眼就能被分辨出来，这样的人全身心都放在当下，给你留下深刻的印象。

冥想的好处包括心智能力增强，压力减轻，快乐和幸福的感觉变得更强烈。

在参加重要会议，作出重大决策，或是准备着手做一项棘手的事情之前，你能做的最有帮助的事情就是冥想，哪怕只有 5 分钟。接下来的 1 个小时里，你的效率起码能提高 10％，这马上就会有回报。与此同时，你也更加享受所做的一切，因为你已经作好了全身心投入的准备。

> *效率加速器 12*
> 每天冥想 12 分钟

瞅准时机

乔丹·麦尔纳

人们常说，时机决定一切。我们之前说过，应该跟随自己的精力状态做事，驾驭它的高低起伏，其实对待时机也是一样。

不少创业者没能把企业做好，部分原因是他们忽略了大环境。无数乐天派都曾做出过不可思议的产品，他们往往用了特别前沿的技术。可是，绝大多数消费者没那么前沿，实现愿景的最佳时机很可能不是现在。我们做出了崭新又奇妙的新产品，希望找到愿意使用它们的人，可人们往往还是沿袭着旧习惯，而且还没作好改变的准备。毕竟在这上头，是客户说了算啊。

亚历山大·贝恩（Alexander Bain）在 1843 年就申请了传真机的专利，可人们直到 1964 年才开始使用它。1948 年，伯纳德·西尔沃（Bernard Silver）和诺曼·伍德兰（Norman Woodland）发明了条形码，二十年之后这项发明才真正投入使用。大概很少有人听说过 MetaBridge 这家公司,20 世纪 90 年代初,MetaBridge 率先研发出了一项革命性的技术——跨媒体出版平台。真是聪明,可它还是早出现了 20 年。如果配上 iPhone 或 Kindle 这样的设备,这项技术本可以取得不可估量的成功,一切只因为时机不对。

卡特琳娜·菲克(Caterina Fake)是 Flick'r 的联合创始人,在互联网界,她的名字家喻户晓。Flick'r 创立于 2004 年,全世界无数用户用它来整理、共享照片与视频。卡特琳娜特别倡导人生的平衡,所以我们联系上她,在访谈中她告诉我们,在 Flick'r 获得的巨大成功中,时机占据了十分重要的位置。

"当时真是天时地利,那么多技术都正当其时。2004 年我们创业的时候,个人电子设备的市场真正成熟了,大家对数码照片也已经很习惯。能拍照的设备越来越多,潮流来的正是时候,因此用户们看到了 Flick'r 的价值,觉得它是个必需的工具。数码照片的数量呈指数级增长,所以人们需要找个地方来存储和共享。"卡特琳娜解释说。

那么,你如何确证时机成熟了呢?方法之一就是主动观察潮流动向,但千万别忽悠自己。趋势报告里有些是看不出来的,你应该像玩冰钓一样,**在冰面上这里敲敲,那里敲敲,看看真实情况怎样**。测试自己的概念是否可行时,要拿掉"眼罩",摒弃所有的成见,好好借助当下潮流和趋势的力量。

正如著名的法国作家、艺术家兼政治家维克多·雨果(Victor Hugo)所说的:"适逢其时的思想,其威力是无以伦比的。"

效率加速器 13

挑选一个天时地利都正当时的项目

磨刀不误砍柴工

马丁·本耶格伽德

　　我的祖父瓦尔德马·罗尼·延森（Valdemar Ronne Jensen）生于1921年，2002年过世。他家里有9个孩子，他排行最小，童年时家境贫寒，钱一直是稀罕物。有一次他告诉我，年景格外糟糕的时候，家里甚至会让他和兄弟们去叔叔家偷鸡（叔叔家境况较好，为人却十分吝啬），不然家里就没饭吃了。

　　家里没钱供孩子上中学，也花不起那个工夫，所以瓦尔德马很快就去当地的工厂里干活了。每个工人都有个工作台，用机器加工各种不同的零件。这种机器叫做车床，功能很多，可以根据生产需要来切换。他发现，在老板眼中，厂子里这几十号工人（也包括他自己在内）的价值还比不上车床。"工人就好比一毛钱的邮票"，工厂主经常这样"提醒"工人们，这是因为他只需要花一毛钱，就可以寄一封信给招工处，请他们第二天一早派个新工人过来。

车工是计件收费的,做多少就拿多少钱。在那个时代和那个阶层,他们的工资只够勉强养家糊口,这种薪酬方式可谓是最能调动员工积极性的办法了。周一早上一进厂,所有的工人都卯足了劲,就像拳击手即将迎战一个剽悍的对手。刚刚签完到,他们就冲到车床前,用最快的速度做出第一个成品,放进那个等着填满的箱子里。

可我祖父跟别人不一样,他有自己的一套。工厂里要生产很多种零件,更换产品总是在星期一。瓦尔德马不紧不慢,他每个星期一都用来调试车床,找到最合理的操作顺序和方法,设计出最快速的流程。对他来说,星期一就是专门用来琢磨工作,为一周作好安排的。他的工作台跟人家不一样,没有热火朝天的劲儿,箱子里也没有完成的零件,只有试验品和思索。

工友们都很团结,其他的工人都担忧地望着他,看着瓦尔德马"浪费"了一个又一个星期一。他们八成想到了瓦尔德马的太太露丝,她来自一个中产家庭,瓦尔德马这样子下去怎能让人家过上好日子。他们有可能也想到了小艾伦(我的父亲),孩子一天天长大,需要新衣服啊。

可瓦尔德马很从容,他知道自己在做什么。周二、周三和周四他可以毫不费力地赶上工友们一周的产量。他把机器调试得很精确,工具安排得很合理,用起来行云流水一般。小小的工作台旁,零件一个接一个地堆码了起来。他的同事们并不知道自己见证的是什么,这就是"精益生产"的雏形,也就是丰田倡导的"事先优化"的生产原则。

如今,许多人都发现了精益生产的哲学和方法多么有威力。而在我祖父那个时代,极少有人意识到它的潜力。

在初步成功的基础上,瓦尔德马继续运用着他的方法。每到周四他就能完成一周的产量,于是他就用周五来帮助进度落后的同事。渐渐地，他的威信建立起来了，先是在他的那个片区，而后发展到整个工厂。他成了活跃的工会成员，几年之后他在工会里获得了永久职位，当上了受人敬重的财务主管。他努力提升工厂的效率，让失业基金变得"有人情味儿"（用他的话说）。长话短说，他成了镇上备受尊敬的人物。

他还在镇子郊区买了一块地，后来他的儿子艾伦在这块地上盖起了房子。这个名叫 Valhal 的美丽地方，成了我童年时代的家，在那里，我在家人的照顾下快乐地长大，跟祖父一起待的时间也很长。在我的印象中，祖父依然是最伟大的榜样，不是因为他比别人更早懂得精益生产是怎么回事，而是因为他有勇气坚持自己的做法。他通过言传身教让我明白了一个道理：你可以为自己创造出富足的生活，与此同时也帮助他人。

人们很容易认为，精益生产只适用于工厂，或是一遍遍重复相同工作流程的办公室职员。实际上，**如果能提前认真琢磨手上的任务，设计一个高效率的做法，人人都能大幅度提高做事的效率。**

例如，新鲜小玩意儿买到手之后，绝大多数人会很自然地马上就用，一边用一边摸索。其实，我们应该先花点时间学学怎么用，这样一来，我们就能最大程度地发挥它的功能了。

再比如，当选好一个客户关系管理软件或财务软件之后，我们往往没那个耐心作准备，马上就会用它给客户发邮件或是处理发票。但这个系统很可能要用很长一段时期，所以，就算花上整整一星期的时间来找到最符合需求的程序，也是值得的。

刚开始用 Facebook 的时候，你是花了一上午来调整设置，摸索功能，让页面最符合自己的需求吗？还是像我一样，尽快把这些东西设置好，然后就能邀请朋友来看我的第一条更新啦？

你有没有把电邮程序设置成把所有邮件都自动整理归档？你还在用电子邮件来来回回地发文件或照片吗？还是你已经注册了谷歌文档

这样的网上文件共享系统？

当然，高效流程的意思不仅仅是挑选合适的 IT 工具。如果你要给陌生客户打销售电话，你有没有拿出一天时间来，向比你经验丰富的人取取经？你有没有尝试 5 种不同的开场、提问顺序和结束语，以便找出哪种方案适合哪种类型的客户？你的衣柜是否采用了方便又清楚的收纳方法，免得你每天早晨都浪费 10 分钟来找当天要穿的衣服？

即兴发挥固然重要，但系统思考也可以成为我们最好的朋友。尽管我们是创业者，但仍有些事情是我们做了一遍又一遍的。作演示，分析数据，开会，这就有三样了吧。你有没有仔细琢磨过生活中 20 件最重要而且需要一再重复的事情？有没有通过摸索来找到最优化的流程？如果没有，那么你或许可以从我祖父的故事里得到启发，把下个月的每个星期一都拿出来，对自己的人生来一次"精益生产"的改革。

效率加速器 14
把精益生产的思想运用到每天的工作和生活当中

让能量交相辉映

马丁·本耶格伽德

　　量子物理学家认为宇宙就像一张巨大的、由能量编织成的挂毯，客观世界并没有颜色或形式，无所谓美丑，只是由能量构成罢了。在绝大多数崇尚实际的创业者看来，这个概念可能过于抽象，但能量与能量之间确实是息息相关的。

　　如果你想从这张遍及宇宙的能量之毯中获得并贡献力量，那么提升自己的能量是个不错的开始。咱们在前面的章节中已经讨论过，要跟随自己的能量波动状态做事，但无论你的能量有多么充沛，你也只是世界中的一个人，是挂毯上的一根线。**想要干出轰轰烈烈的大事，你必须要让自己的能量与他人的能量互动起来，相互激发。**

　　我早就想写这本书了，想了有好几个月，甚至好几年，却没有实质性的进展。随后我认识了乔丹。在这个领域里，他跟我一样有激情，我们的能量交织在一起，跟我一样，他已经积累了不少笔记和想法。搭档一找好，工作就有了进展。有了乔丹一起做，之前我一个人没法做起来的东西突然间变得趣味盎然。

我们采访到的所有榜样人物都有个共同的点，他们理解这个原理，并且付诸实践。他们在与别人的交流互动中萌发出创意和愿景，获得动力，相应地，他们的能量"带宽"呈指数级飙升。一加一是大于二的。当别人跟我们一样、也对这件事充满激情的时候，我们就更有干劲了。在合写这本书的过程中，我经常遇到瓶颈期，什么也写不出来，而乔丹发过来的最新章节就成了催化剂，让我再度打起精神来。

查德·楚奥特万创立 Veritas Prep. 的时候也遇到了类似的情况。他在耶鲁大学管理学院认识了马库斯·莫伯格（Markus Moberg），之后他俩就成了搭档，一起把查德的创意变为现实。

合作初期，查德就想好了，他要全职做这个企业。当时马库斯正在华尔街做得顺风顺水，然而查德知道，马库斯的能量是一笔巨大的资产，能帮助他把这个项目向前推进。有天晚上，两人一起吃晚饭，查德邀请马库斯过来做全职工作，成为合作伙伴。他说服马库斯辞去华尔街的职位，从那天起，一切开始飞速前进。

查德和马库斯每一天都互相依靠，互相扶持，各自的能量都是对方的力量来源。正是这样的搭档关系，让他们创立了最优秀的考试培训公司，也让两人都成了千万富翁。也正是这样的搭档关系，让他们可以灵活地安排工作，给了他们安宁的心境，去追求平衡的生活方式。帮助他俩取得成功的正是这种能量，这种给予和获得，还有能量交织辉映的强大效应。

你应该养成一个习惯：一想到有个创意值得做下去的时候，就立马问问自己，"有谁也会对这个项目特别有热情？"给人家打个电话，约出来喝杯咖啡聊一聊，看看能量势头对不对。这是帮你行动起来的最快办法。

效率加速器 15
找个跟你一样有热情的人，一起做事

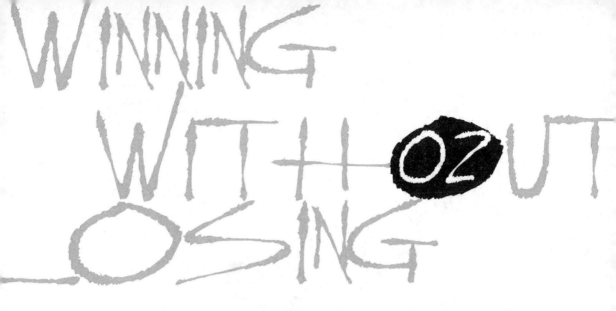

换个方法做事情

→ 5 个效果显著的小调整

　　生活中有些事儿需要经常做，或许重复的次数有点过多了。比如更新待办事项清单、开会或是上网看新闻等。这些都是小事，但加在一起会占去很多时间和精力。因此，提高效率的培训课程或演讲中常常提到这些。

　　绝大多数人对开会、列待办清单等诸如此类的事情都相当熟悉。但不知是何原因，最好的改进做法却一直没人留意。这就好比捡了芝麻丢了西瓜。

　　在接下来的这个章节中，我们的榜样人物们将会透露好几条更为积极的做事方法，这些改变会对你产生深远的影响。比如说，继续读下去之前，试着让头脑彻底暂停一分钟——如果你不知道该怎么做，区区数页之后，你就会学到一个每天都能使用的新方法。

谁说开会只能干坐着？

马丁·本耶格伽德

有件事我一直搞不懂，为什么开会人人都得围着桌子，窝在椅子里。如果你热衷于阴谋论，你可能会怀疑，这都是家具厂商搞的鬼吧。在信息时代的初期，他们用漂亮体面的图片、软乎乎的椅垫，来游说公司老板和室内设计师。可真正的原因是什么呢？

在人类史上绝大多数时间里，情况并不是这样的。农民们在地里干活的时候交谈，猎手们在分配战利品的时候商量事儿，渔民们站在船上一边撒网一边聊天。**是谁说的，思考、沟通和合作的时候，非得弄个桌子把人隔开，一屁股坐在椅子里，还得关上会议室的门？**

丹麦美食界达人兼创业家克劳斯·迈耶（Claus Meyer）有个完全不同的观点。克劳斯是那种要尽力活得精彩的人，在哥本哈根商学院求学的时候，他在哥本哈根市中心的一家小餐馆里兼职做厨师。那一年，年轻的克劳斯说服校长，把商学院的餐厅交给他来管。在这之前，他在法国跟一位大厨和糖果商一起生活了一年，这段经历给了他莫大的启发，他发现自己找到了人生的方向——他想要改变丹麦的饮食文化。

人生的前十九年，他生活在丹麦的郊区，那里的饮食就像一片黑暗，而在法国，他看见了光明。这种对比为他未来的美食帝国打下了基础。

如今，他名下拥有数个企业，员工数目超过 500 名，经营范围包括熟食、甜点、水果种植、美食餐厅、厨艺课程、餐饮服务。他还拥有 Noma 的一半所有权，这家才开了 2 年的餐厅，被评为全世界最好的餐馆。

与此同时，克劳斯还成了丹麦著名的电视名厨，主持了《新斯堪的纳维亚美食》节目后，他的声誉又上了一个台阶，成为国际知名的大厨。目前为止，这个节目在 100 多个国家播放，观众人数超过了 5000 万。

关于开会，克劳斯的看法很有启发性。"我尽可能把会议都改成'走路式'或'跑步式'，赶上讨论棘手问题的时候就更是如此。有次我跟一位同事绕着哥本哈根，在雪地里走了 2 个小时。那次我们讨论的事情真是很棘手，而那次的经历也真是奇妙。"

2003 年，克劳斯准备参加柏林马拉松赛，他需要大量的训练时间。可他要经营 12 间公司，管理 500 名员工，还要照顾 3 个孩子，他必须得想点聪明的办法才能兼顾。"我每天需要 6 小时的睡眠，而且和家人相处对我来说非常重要。所以我就去查日程表，看看哪些时间段能用来锻炼。突然，答案在眼前明摆着：我们有很多会议要开，参加会议的人都跟我一样很有活力，这些时间可以拿来训练啊，不侵占家庭时间，也不降低工作效率，更不会耽误事儿。"克劳斯说。

其实，背后的道理很简单，我们的身体处于运动状态时，头脑最清醒。正是因为这个原因，我们窝在椅子里时极少能想出好主意。跟别人同做一件事，也能缩短人与人之间的距离，这非常有利于双方的相互理解。相

只赢不输

WINNING WITHOUT

反,如果两人之间隔着一张桌子,距离就拉远了,关上的房门让气氛显得更为正式和凝重,会影响创意。人坐着的时候,脑部的供血会减少,开会时间长了,许多人的注意力会分散,变得迟钝,或许还会变得暴躁或心不在焉。

当然了,一边跑步一边开会,这也需要一定的条件。克劳斯解释说:"走到哥本哈根街头之前,我们会定下要讨论的主题,对会议的目标达成一致。必要的话,我们会带上智能手机来记笔记。我们会选择大家都喜欢的运动,比如散布、跑步或轮滑。"

对我自己来说,我一直没发现这个做法的妙处,直到有一天我被逼无奈,只能这么试试看。当时我要开一个非常棘手的会,直觉告诉我,要是大家都坐在会议室的椅子里,肯定达不到效果。所以我们就边散步边开会,结果大大超出我的预期。事情依然很棘手,但我成功地把想说的信息传达了出去,而且非常精准。

自从那时起,我定期会用散步、跑步或骑单车的方式开会。散步式会议最容易,因为你不用换衣服,只需走下楼,到街上去就行,而不是走进会议室。

我们办公室附近有个美丽的公园,以前,当我望向窗外,看着明媚的丹麦夏日,再看看手上密密麻麻的日程表时,心里会感到一丝悲哀。谢天谢地,现在我再也用不着这样了。

换个方法做事情 1
趁散步、跑步或骑单车的时候开会吧!

做完今天的事儿就回家

乔丹·麦尔纳

　　比起其他工作，创业的好处之一就是可以自由自在。人们向往灵活的工作时间，比如下午能早点回家，想起什么有趣的事儿就能放下手里的活儿立即去做。

　　"终于可以自己说了算，安排自己的时间表了。"

　　"我可以在海滩边工作，也可以在东京的摩天大楼里工作。"

　　"我可以收拾行装，环游世界。"

　　不过，你大概已经注意到了，对于绝大多数试着实现这个梦想的人来说，这条路非常难走，理想中的日子可望而不可即。一般来说，比起公司员工，创业者的工作时间反而更长，休假时间也更少。最近一项调查显示，在英国的创业者中，72%的人每周工作时长超过 50 小时，59%的人超过 60 小时，32%的人超过了 70 个小时。他们的休假很少，很久才能歇一次，同一项调查中说，有 14% 的人希望来年自己能工作得再努力一点儿，只有 53% 的人愿意休息两星期。

这些自己创业的人之所以工作时间这么长，其中一个原因就是没人叫我们到点回家，没人给我们制定工作时间表。自己管自己，自己往往是最冷酷最强悍的老板。

在很多方面，做自己的老板其实并没那么美好。你不得不离开周五晚上的派对，因为你想到工作就觉得内疚，而且第二天一早还得继续干活。又一个下午过去了，你还是没能去学校接孩子。朋友要结婚了，你没法赶赴拉斯维加斯参加他的单身派对。沮丧的感觉越来越强烈，这真的是你理想中的生活吗？

日子并不是非得这么过不可，我们还有别的办法。

史蒂沃·罗宾斯(Steven Robbins)有办法。他在麻省理工学院计算机科学系拿到本科学位，去哈佛念了 MBA，在 9 个初创企业、5 次 IPO、3 个兼并案中扮演着重要角色。他有足够丰富的经验，知道该避开哪些陷阱。对于那些没法停止干活、工作永无休止的创业者们，史蒂沃提出了一条非常有用的建议——

"早上起来先想想，哪些事情做完之后，你今天就算功德圆满了。这些事情一做完，你就可以安心放下，不再去想工作。人们之所以会回到家之后还没完没了地想着工作的事情，其中一个原因就是他们从没停下来想清楚，究竟怎样才算完成了一天的工作。所以他们老想着'我还有哪些事没做'，而不是'今天我还有哪些事没做'。"

还有一位非常成功的商界人士也在用这个办法。N. R. 穆尔蒂是位白手起家的亿万富翁，他是印度最大的 IT 公司 Infosys 的创始人，还在世界上最有威望的企业、基金会和研究机构中兼任董事。此外，他还获得了 26 项荣誉博士的头衔。

在经济学人智库(Economist Intelligence Unit)评选的"最受尊敬的CEO"榜单中,穆尔蒂名列第9,与比尔·盖茨、史蒂夫·乔布斯(Steve Jobs)和沃伦·巴菲特(Warren Buffet)比肩。在印度,他连续五年被评选为最受尊敬的商业领袖。《时代》(*Time*)杂志称他为"亚洲英雄"——在过去的六十年内,为亚洲带来了革命性的变化,对亚洲历史造成了最为深远的影响,一同入选的还有甘地、特丽莎修女和拳王阿里。

你大概以为,肩负着这么大责任的人必定难以享受生活,活在当下吧。可是穆尔蒂先生却轻而易举地做到了。当人问起他工作之余回到家后,是如何放下压力、全身心享受家庭生活的,他说出了他的做法:"年轻的时候,我们总爱写下当天要完成多少事情,做个任务列表。我今天仍然在这么做。所以,当我离开办公室的时候,只要我觉得自己已经在这些事情上付出了最大努力,取得了进展,我就可以放心回家,享受天伦之乐了。当我的心里带着清清楚楚的满足感回家的时候,我知道自己已经付出了激情,朝着正确的方向走去,我会感到安宁和愉悦。我有了成就感,知道自己有价值。因此,我可以把全部的注意力都留给家人。"

所以,别再一心想着自己的"百年大计"了,作个当日计划吧。把事情做完,享受那种满足感,然后去接孩子、踏上旅程或是想在派对上待多久就待多久。这是你努力挣来的。

换个方法做事情 2
把"待办事项清单"变成"今日事项清单"

学点儿别人不知道的

马丁·本耶格伽德

让我们想象一下这个场景：从高空中俯瞰地球，每天上演着悲喜剧，浩如烟海，没有哪个人能够一览全貌。我们总是愿意听那些已经稍有了解的东西，所以，一旦某个报道被人提起了几次之后，它就好似拥有了自动的穿透力一般，人们会如饥似渴地想多了解一些。

可挑战之处在于，**如果你跟随的是常规的"讯息流"，那你花了时间，得到的也只是人人都知道的东西。**你并没有获得真正的优势和独特的洞见，你没有任何新的东西贡献给世界。

把你的知识想象成一个圆圈，他人的知识是另一个圆圈。你的任务就是让这两个圆圈重叠得越少越好。去了解一些他人不知道的东西，机遇就存在于这里。

克里斯蒂安·斯塔迪尔（Christian Stadil）是时装品牌 Hummel 的

拥有者,除此之外他还执掌着十几个价值数百万美元的企业。在绝大多数同行们都不了解冥想、灵魂和佛教之前,他就对这些主题有所涉猎,而这为他增添了魅力,变成了他的产品灵感,成了他的商业帝国里不可或缺的东西。网上鞋店美捷步(Zappos)的联合创始人兼 CEO 谢家华(Tony Hsieh)在年少的时候就爱给朋友们办妙趣横生的派对,积累了不少经验,后来,他用上这个商界里颇为少见的本事,在美捷步培养出了独特的企业文化。

所有的思想领袖都是这么做的。他们把精力都放在提出新思想上,去探索那些并非人人都了解的领域。

几年前,我读蒂姆·费里斯(Tim Ferriss)的国际畅销书《每周工作4小时》(*The 4 Hour Work Week*)的时候,我下定决心,从此不再追看新闻(谢谢你,蒂姆)。我因此遇见了几桩有趣的小乌龙,却没碰上任何实质性的困难。有趣的是,几个月不看新闻之后,我渐渐培养出了一个新奇的兴趣:我再度渴求起知识来,而且是特定领域内的知识。这个领域是我自己主动选择的,钻研起来特别有动力。抛开你习惯的那些讯息频道,着手去追寻一些崭新的、很少有人知道的思想和洞见,你不但能节省时间,还能收获更多,而且这个过程也有趣得多呢。

换个方法做事情3
建立起自己的知识圈子

为头脑叫"暂停"

马丁·本耶格伽德

你有没有遇到过这样的事情：你碰到了一个复杂的问题，百思不得其解。你绞尽脑汁，思索了好久，逼着自己想出答案来。后来你投降了，走到院子里去修剪草坪，突然间灵光一闪，答案清清楚楚地摆在眼前，一片澄明。

这是怎么回事？你让大脑放松了下来，然后莫名其妙地，它就休息好了，作好了开动马力的准备。

如果你做过仰卧推举，你就会知道，做上 10 次之后，你得让肌肉暂时休息一会儿，然后再开始做下一组。跑步选手都知道，间歇性训练是最有效果的锻炼方式——先用很快的速度卖力跑上几分钟，然后休息几分钟。

奇怪的是，说到大脑的工作机制，人们还不知道该如何运用这个显而易见的原则。我们依然认为，当头脑已经感到疲倦的时候，只要"再加把劲儿"就能解决问题。当然了，我们的确也会让大脑休息休息。有时我们关上电脑，看一场好电影放松一下，上床睡一觉。第二天起来，头脑"充好了电"，能够在接下来的 12 个小时之内高效工作。

可人的头脑不是这样设计的，它不能一连以最高速度运转好几个小时。就像肌肉一样，**最好的方式就是高效率工作一段时间，然后短暂地放松一下。**

首先，聚精会神地思考一阵子，然后把头脑里的想法彻底清空，充分感受当下和此刻，不作任何评估、分析或判断。你是完全清醒的，但脑海里空无一物。你只需这样休息几秒钟，在旁人看来，你好似陷入了沉思，可实际上刚好相反，你为头脑叫了个"暂停"。当思想和念头再度回来的时候，解决办法就明摆在眼前了。

国际畅销书《当下的力量》（*The Power of Now*）、《新世界：灵性的觉醒》（*A New Earth*）的作者埃克哈特·托尔（Eckhart Tolle）这样说："为何绝大多数科学家都不会创新，原因很简单。不是因为他们不懂得思考，而是因为他们不懂得停止思考。"

直觉上，我们都知道一天里头要让头脑休息几次，而且我们多多少少是下意识这么做的，比如起身去拿瓶水，或是倒杯咖啡，跟同事闲聊几句，吃个午饭什么的。但这种休息的次数太少、太随机、太没效率了。咱们来仔细算算——

次数太少：在理想情况下，一天下来，你大概需要休息 50～100 次，而不是 5～10 次。

太随机：应该是大脑需要休息的时候才休息，而不是被外部因素控制，比如时钟或是同事来找你之类的。

太没效率：绝大多数人在休息的时候依然在想事情，只不过想的不是手头的任务罢了。如果你在休息的时候能够完全停止思考，那效率就高了。

　　头脑的疲劳感跟肌肉的不一样。我们可以渐渐地辨认出这种感觉，这样一来，每当头脑需要放松的时候，我们就休息几秒钟。这样子的话，每天有很多次，我们都能充分体会到那种思维清晰澄明的感觉，不再是只有周日下午剪草坪的时候才能享受了。

> 换个方法做事情 4
> 每天有意识地让大脑停下来，放松片刻

一门心思，做最重要的事

马丁·本耶格伽德

我们公司最忠诚的投资人詹尼克·彼得森（Jannick B. Pedersen），执掌着全球培训和咨询界巨头富兰克林柯维公司在斯堪的纳维亚地区的分支机构。这家公司的创始人是史蒂芬·柯维（Stephen Covey）教授，这位大师级人物写出了个人发展和高效能领域的诸多畅销书，最著名的就是《高效能人士的 7 个习惯》（*The 7 Habits of Highly Effective People*）。

当詹尼克建议我们公司买一次他的培训课时，我们很快就答应了。这倒不是因为我们热衷于上课，和绝大多数创业人士一样，我们秉承的是"边做边学"的哲学。于是三年前，我们带着些许惴惴不安的心情，把公司的业务停掉整整两天，参加了一次联合培训。让我们惊讶的是，自打做 Rainmaking 的两千多个日子以来，这两天是最高效、最有意义的。

那堂培训课的主题是"执行"，我们学到的东西后来成了 Rainmaking 和我们所有其他初创企业的指导原则——一门心思做最重要的事。

上学的时候我们养成了习惯，把所有的作业列一张清单。去买东西的时候，我们会做一张购物清单，把所有要买的东西都记下来。在工作中，购物清单改了名字，变成了"待办事项清单"，而且往往是电子版的。世上有无数的工具和系统能帮你把所有的待办事项清单汇总概览，有在特定时间提醒你的，也有把你的清单共享出来、方便同事们看到的。只需片刻，你和团队成员们就可以为自己和他人列出一大堆待办事项来。你甚至可以一条条浏览这些任务，跟进同事们的进度，如果每个成员都记得及时更新的话。

这些都挺好，可咱们绝大多数人都忽略了一件事：在任何时刻，都有1～3 个任务是最重要的，与它们相比，其余一切事情都是细枝末节。

这种任务有可能是进行一轮融资，免得引起资金短缺；也有可能是安抚一位想辞职的重要员工；或者是专心致志地作某个项目营销，以得到梦寐以求的规模增长。无论它具体是什么，都是个能决胜负、定成败的事情，是你和团队应该拿出全副心神、专心去做的事。

可是，人们往往更愿意去做清单上那些比较小的任务，而不是努力搞定最重要的"大怪物"。这是人的天性，正是因为这个，你才需要一个全新的工作方法，它跟泛泛的待办事项清单截然不同，起码比它功能强大。你需要的正是 WIGS、WIGS 板和 WIGS 周会。

WIGS：wildly important goals，意思是最重要的头号目标。你知道自己的 WIGS 是什么吗？跟团队一起讨论一下，用简短的、可量化的语句写出来。比如说，"我们的 WIGS 是在接下来的 3 个月内，把命中率从10％提升到 20％"。

WIGS 板：在办公室中央放一个大白板或是大屏幕，在上面写下本日或本周的 WIGS，天天提醒大家。比如，"本周命中率：12％"。

WIGS 周会：每周固定时间，跟整支团队开个碰头会，时间不超过 15 分钟。每个人简短地汇报一下，自打上次碰头会以来，自己做了哪些有助于实现 WIGS 的事情，下次开会之前，还打算做些什么。富兰克林柯维公司作过调研，发现如果人们试图一次达成 3 个以上的 WIGS，成功执行的概率就会显著降低。

我们想要做完一大堆事，想要拿着一张已经做完（或是就要做完）的任务清单炫耀炫耀。完成一件事情之后，在旁边打个勾，或是划掉一行，那种感觉棒极了。不少人深受这种"打勾癖"的困扰。

想到要做什么事，把它们加进"待办事项"清单，这比较容易；而做到目光犀利、把任务排出先后次序、敢于删掉某些事情，这就比较难了。不过，真正的挑战就在这里，富兰克林柯维教给我们，高效能的创业和企业管理的艺术，就在于精简、精简、再精简，直到你把全副精力都放在少数几个最重要的挑战上。

待办事项清单仍不失为一个绝佳的工具。在《搞定：无压工作的艺术》（*Getting Things Done*）一书中，作者戴维·艾伦（David Allen）告诉我们，用一个可靠的系统，把所有的工作任务记下来，这样做可以缓解你的压力，把大脑解脱出来，思考解决方案。N. R. 穆尔蒂和史蒂沃·罗宾斯则教会我们列出"当日"清单，定出工作时限，工余时间让自己彻底解脱出来。最重要的任务同样可以写在清单上，你还可以把它拆分成数个子任务，各个击破，加在一起，总目标就实现了。

但是，待办事项清单应当是你的"备选方案"，比如说，WIGS 做累的时候，可以做做这些事调节一下，而不应该花掉你一天里的大部分时间。每天早上起来，不断对自己重复，哪些事情是 WIGS，是最重要的，然后在脑海里畅想一下你聚精会神做这些事情、一步步贴近当天目标的样子。

这样做了以后，你会发现清单上还留着很多从来没做过的、挺重要的任务（但不是最重要的）。但神奇的是，你已经获得了最大程度的成功了，同时还没有累趴下——因为你把精力都放在了那少数几件真正重要的事情上，它们要比其他的事儿重要 10 倍、100 倍、1000 倍。

换个方法做事情 5
不必把所有的事情都做完，
只做真正重要的几件就行了

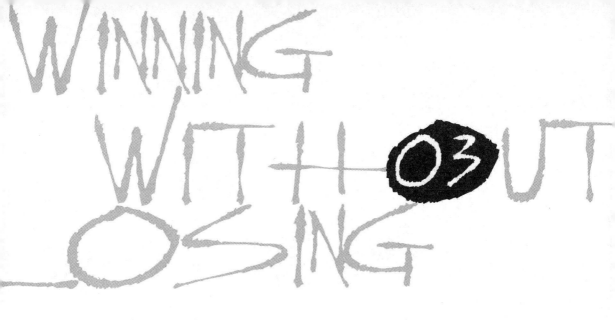

跳出时间陷阱

→ 14 个助你规避时间陷阱的新见解

若是把我们每天浪费掉的时间和精力作个统计,结果准能吓人一大跳。事实一次又一次地证明,80％以上的成果,其实来自 20％的努力。我们所做的大多数工作,并没对事业成功或幸福生活带来多少实质性的影响。

当然了,棘手的部分就是分清哪些属于"重要任务",哪些属于"时间陷阱"。接下来的 14 篇小文会给你一些指导和启发,读完之后,请把自己身边的陷阱一一列出来,也就是那些你经常会掉进去的、吞噬时间的大深坑。

每个人遇到的问题都不一样。对有的人来说,他的陷阱可能是"处理不必要的冲突",对另一些人来说,可能是"低下的筹款效率"或者是"迟迟做不出的艰难的决策"。

花点时间去找出你的陷阱,然后一一找出对策。第一步就是把基础的事情做对。当然,你会在后文中看到大量对提高效率的建议。但你最需要领悟的是一些至为基本的道理,请看后文。

　　"据我观察,绝大多数人都是趁别人浪费时间的时候赶超到前头去的。"

——亨利·福特(Henry Ford)

拔下插头，重新启动

乔丹·麦尔纳

大家都曾遇见过这样的人吧，自打认识他们的时候起，他们就一直在找投资。其实有些时候，我们自己也是这样的。不管问题出在哪儿，是组建团队、做出产品、找到搭档，还是获得助推力，那个创意就是启动不了。

最大的时间陷阱之一，就是纠结在没前途的项目上。它打破了生活和工作的平衡，破坏了我们的幸福感。我们工作得如此辛苦，却得不到回报。

可另一方面，绝大多数人也听过创业者凭借过人的毅力，苦苦坚持多年，终于大获成功的故事。看起来，他们的成功显然应当归功于坚韧。

到底该怎么办？何时该坚持，何时该放手？这两难的局面该怎么处理？何时该全力以赴？何时该果断放弃？

布拉德·菲尔德（Brad Feld）和大卫·科恩是 TechStar 的共同创始人，这家公司是世界上最成功的创业加速器之一，在博尔德（Boulder）、波士顿（Boston）、西雅图（Seattle）和纽约（New York City）都有项目。

通过提供辅导和种子基金，他们帮助年轻公司发展成长，他们麾下有 70% 以上的创业团队都在 3 个月的孵化期结束后，立即就拿到数十万甚至上百万美元的投资。

很少有人能像他们俩一样，亲身经历过这么多初创企业。凭借丰富的经验，他们跟我们分享了对这个难题的看法，帮助读者们决定何时该坚持下去，何时该果断放弃。

大卫说，如果你遇到以下任意一条，就应该考虑放弃了：

● 你总是忍不住去想，如果不干这个，你可以把时间和资源用来做哪些事情；

● "其他的事情"总是在召唤你；

● 你的激情不再，总是分心；

● 你打算做第 4 次或第 5 次彻底转型。也就是说，自从这个创意诞生以来，你的想法已经彻头彻尾地改变过很多次了。灵活调整是好事，可也有弊端。

"创业中遇到起伏，这太正常了。感到自己想放弃的时候，等 48 小时再说，给自己放几天假也行。回来之后，如果你还有那种感觉，那就考虑一下真正放弃吧。如果那种感觉消失了，那就不必担忧了。"大卫解释说。

他还提出了一个"虚拟观看"的建议。拿出一天时间来，在脑海里"看"这个场景：你终止了手上的项目，启动了一个全新的决定。你有什么感觉？这个新项目给你带来了什么样的情绪？

第二天，把场景彻底换过来，想象你把现在的项目继续做下去的样子。接下来的几年里，你到办公室来上班，努力工作，克服困难，把公司做起来。然后你问问自己，在这两个场景里，哪一个最让你兴奋激动？

大卫还说，在客观层面上，即排除了个人情绪的因素之后，放弃的决定应当是理性的，而且你要对自己彻底坦诚，记得听听市场的真实声音。

不知道为什么，在大多数人看来，"放弃"这个字有种贬义。许多创业者之所以宁愿坚持下去，这正是原因之一，他们不愿意"屈服"。然而，在许多情况下，关闭企业并不是坏事，而是正确的决定，它会带领你找到下一个机会，那个能让你摘得成功果实、找到平衡和幸福的机会。应该为"放弃"换一个更好的名字，叫做"寻找崭新的机会平台"。

你需要不断地评估自己的企业和心态，必要时作出艰难的决定。记得科恩的话："要记住，你永远也没办法完全确定某个决策到底对不对。创业者一直都是在数据缺失的情况下作决策，这事也一样。"

最重要的是，你要明白，失败是创业中非常重要的组成部分。 请记住这句睿智的箴言："世上并没有失败，只有反馈。"换个情境，同样的举动很可能会得到截然不同的结果。从失败中学习，然后继续向前走。

面临艰难决定的时候，往长远看是很难的。展望 3 个月后的前景，要比回顾 3 个月前的往事难得多。有时你必须要做一件很困难的事，却特别想拖着不做，千万不要这样，应该马上就动手。行动起来，你就有望把它解决掉，以后彻底不想它，否则它总是在你眼前绕啊绕。这就像去看牙医之前给自己做的思想工作一样：无论会发生什么，30 分钟之后，你肯定会离开那张椅子。

当事情变得不对劲的时候，我们心里往往会涌起一阵不明智的冲动，无论如何也得把这事搞定。当我们深陷在一件事中，而它最后宣告失败的时候,我们的眼睛很可能会被蒙蔽住,看不见机会。谨记一点,成功人士能在各处发现机会。

要知道,有时候过往的经历会带来沉没成本。可别像赌徒似的,没完没了地想着"要把之前输掉的赢回来"。相反,你应当抱持这种心态:今天是我创业的第一天,我能运用的,是到目前为止我知晓的一切。把插头拔下来,重新启动。想一想,今天正是你余生的第一天,你选择怎么做?

跳出时间陷阱 1
切勿陷在错误的项目里,无法自拔

想办法搞定他？没必要！

马丁·本耶格伽德

几年前我在麦肯锡做咨询顾问的时候，听到过一句话，那时我没有仔细琢磨它的意思。在麦肯锡，公司合伙人有时会问项目经理，客户公司里的某个人是否愿意配合、跟他共事是否顺利之类的。气氛变得有点含蓄和凝重起来，项目经理会微微点点头，说出一句"我会想办法搞定他的"。这是麦肯锡内部的"密电码"，意思是跟对方的关系很紧张，但会不惜一切代价，让合作顺利进行下去。

我们来认识一下奥雷·豪耶（Ole Hoyer），他为企业高管提供"能量与绩效提升"方面的咨询服务，这个人的做法跟别人都不一样。

"我认为，咱们人类会发出不同的能量振动频率。当我们遇到跟自己频率一致的人的时候，合作就会特别顺畅，双方能一同发挥创造力，取得特别棒的成果，不必忍受痛苦，也不必牺牲什么。"奥雷说。恐怕大家都会遇到过这种感觉吧，跟有些人一起工作的时候，感觉就像马力全开，一连工作好几个小时也不觉得累，就像玩似的。可跟另外一些人合作的时候，开个会就像一辈子那样漫长，等到合作终于结束，人也精疲力竭了。管它叫火花也行，缘分也罢，我们盼望遇到的就是这样的人——他们能帮助我们取得的成就，这是我们做独行侠时想也不敢想的。

可是有太多时候，我们退而求其次。面前的人有我们想要的东西，尽管内心的警钟在响，可我们还是抑制住那种不舒服的感觉，勉强跟对方合作，希望取得想要的结果。绝大多数人都遇到过这样的客户、同事、业务伙伴或投资人吧。但奥雷提醒我们，这不仅对幸福快乐无益，还会浪费我们身上的能量，导致绩效全面下滑。

"我散发出某种特定的能量，有些客户会被它吸引，有些不。在我的业务里，我需要跟客户紧密合作，对于那些尚未作好准备的人，我不会去劝说他们。相反，我跟随着能量的自然流向，结果我谈不成的客户极少。"奥雷这样说。

他的"产品"极为不凡，也极为重要——为公司高管们提供培训，教他们充分运用自己的能量，实现人生的价值。奥雷和他的培训教练们教学员休整、冥想，探讨情绪稳定和灵性觉醒的话题。这听上去有点"新纪元"式的玄虚味道，可他的客户名单显然实在得很——高盛、德勤、诺华制药、瑞典北欧联合银行（斯堪的纳维亚地区最大的银行），还有瑞士联合银行集团 UBS，这些都是他最忠实的客户。

奥雷事业成功，生活也从容自在。就在金融危机来临之前，他出来自立门户，创业单干。当成千上万小型咨询公司关门倒闭的时候，他的公司却不断发展壮大起来。他把 20％ 的时间放在业务上，其余 80％ 拿来旅行、自我发展，为在培训课程中拿出最优秀的表现作足准备。

他还在印度开展了自己的慈善项目，兴建学校，开设为农村人口提供小额贷款的金融机构。他去巴哈马群岛参加冥想和瑜伽修习，到瑞士俯瞰山峰，在南印度的海滩漫步。在数次纽约之行中，他爱极了 5 Rhythms①，一跳就是好几个小时。

他的秘诀是什么？"要说我现在做的这些事，我并没有特定的基础和先天条件，我只不过是个突然厌倦了西装和数字的银行家。我花了几年时间寻找生命的意义，优化自己的能量。如今，我启发别人也这么做。如果说有秘诀的话，那就是我敢于追随自己的能量，跟着它的流向走。而绝大多数人都盼着能量永远待在一个地方不动，即便是当他们转身离去的时候。"奥雷说。

如果你想让自己精力充沛、能量满满，那就去做让自己兴奋激动的事情，跟能够启发你、为你加满能量的人待在一起。在能量层面上退而求其次的时候，短期的收获往往会演变成长期的烦恼。坦诚地面对自己的能量，全心感受它想把你带向何方。

跳出时间陷阱 2
放弃那些无法为你增添能量的人

---

① 一种借助舞蹈来冥想和灵修的活动。——译注

每年多出一个月

乔丹·麦尔纳

要是额外给你一个月时间,你打算怎么用?整整 30 天全归你支配。你或许会把它用在营销上,多多开拓业务;或是跟着领域内的专家学习、充电;或许你会来一场小小的冒险,到地球的遥远角落探险,去科罗拉多河上漂流,去巴西玩滑翔机;或许你会选择一些截然不同的主题,比如侍弄香草花园,或是学学钢琴。

要是现在我告诉你,这额外的一个月不是一次性的,而是年年都有呢?再进一步,要是你其实已经拥有了这段时间,却根本没有意识到呢?对于这段珍贵的时间,咱们大多数人是怎么用的?既然这段时间这么长,肯定得干点特别重要、特别有意义的事情吧?可是,在这无比珍贵的一个月里,我们只是干坐在汽车里而已。没错,干坐在汽车里。

加拿大《麦克林周刊》(Macleans)2011 年 1 月 17 日那期报道告诉

我们一个震惊的事实："加拿大人每年堵在路上的时间加起来有 32 个工作日。"

就算你是个喜欢在车里听歌、学意大利语或是听哈利波特有声书的加拿大人，你大概也很难找到有谁愿意这样过上一个月的。跟其他"30天生活方案"作比较的话，你觉得"坐在车里、堵在路上"会不会挤进前 10 名、甚至是前 100 名的榜单？

对于加拿大的上班族来说，耗费在交通上的时间加起来，着实让人难以承受。如果你从 25 岁开始上班，一直上到 65 岁，那你这辈子花费在上班路上的时间总共有 3.75 年。对于很多人来说，这事还有个很糟的连锁反应——他们急于把失去的时间补回来，于是在拥堵的路上一边开车一边处理事情（或是思考），这既会给人增添压力，又十分危险。

或许，只有那些疯狂的加拿大人才会遇见这个问题？他们的结冰道路和狗拉雪橇肯定是罪魁祸首。非也，浪费在上班路上的时间和精力已经成了全球性的问题。德国一项研究表明，通勤耗时很长的人们整体状态都会变差，生活满意度显著降低。尽管听起来数字大得吓人，但把一年 32 天拆分到每一天，也不过两个小时多一点点。

爱尔兰都柏林一项对上班族的调查研究表明，将近 80% 的人认为"出门上班"让人感到紧张。一天两次，这压力就很大了。在市中心工作的上班族通常都会把家安在较远的地方，买个大点的房子，而不是在办公室附近找个面积小点的。可他们往往高估了宽敞住房带来的幸福感，每天上下班用掉两小时，快乐的感觉早就缩水了。

的确，有时候出门上班是唯一的选择，但考虑到代价，我们还是应当尽量减少它。**我们可以想办法缓解一下，比如在家里工作，哪怕每周只有一天也好。**

或许还有更好的法子，跑步或骑单车去上班。绝大多数人都同意运动的好处，但麻烦就是总没时间。创业家兼大厨克劳斯·迈耶恰恰就在这个问题上，发现了一个名副其实而又没人看管的宝藏。

"绝大多数人每周都要把好几个小时花在路上。我已经养成了一个习惯，每次我从 A 地到 B 地的时候，都会先问问自己：能走路、跑步或是骑自行车去吗？而不是打车、开车或搭火车？"

"健身总是有机会成本的。一旦走进羽毛球场，我就没法做别的事儿了。关键在于，那件'别的事儿'应该越不重要越好。我从来不在晚上运动，因为我想把那个时段留给家人。但是，如果我要横穿哥本哈根去办事的话，这段 8 公里的路，跑步比开车慢不了多少。如果同事不想跑步去，我可以请他帮我把干净衣服带过去。或是我把衣服装在包里背着，打辆车请司机替我先送过去，都行。对于我来说，一次锻炼机会比 40 美元值钱得多。"每天，克劳斯用这种办法"欺骗"钟表，无中生有地变出 1 小时来。

"有些人可能会想，汗津津地跑到目的地，开会前还得冲个澡，这有点奇怪吧。可大多数人只是笑一笑，并不介意。在我看来，这是对自由的高声喝彩。当我跑到市中心，而旁人都困在车流里的时候，我心里的高兴劲儿远远超过跑步本身。我感到自由，觉得自己仿佛有种特权。"克劳斯说。

甚至在旅途中转机的时候，这个方法也非常管用。在曼谷机场等待的 5 个小时，加上克劳斯对运动的热忱，他找到了一个绝大多数人都会忽略的机会——通过丹麦羽毛球联合会，他安排了一场训练课，对方是曼谷皇家羽毛球俱乐部的一位顶级选手。

离开机场 40 分钟后，他已经跟泰国排名第 35 位的羽毛球选手面对面了。接下来，他在球场上快速移动、奔跑，在潮热的天气里打得大汗淋漓，这一次成了他终生难忘的记忆。

两个小时后克劳斯回到机场，浑身舒坦，比起其他的候机旅客，他的满意指数可要高出一倍。而且他也作好了照看女儿们的准备，他太太可以去放松一下，作个按摩了。

跳出时间陷阱 3
找出利用时间的聪明妙法，不再耗在路上

气头上千万别发邮件

马丁·本耶格伽德

　　从前，人们写信都是用手写或是打字，写完后就放在桌子上或发件箱里（那可是真的发件箱），等着第二天把它寄掉。显然，这个办法挺慢，但也有好处——你有机会改主意。我很想知道，这么多年来，究竟有多少信在寄出之前被人撕掉了，因为写信的人很快冷静下来，找到了新的措辞方式。

　　在这方面，电子邮件是致命的，如果你被情绪蒙了心，最痛快的莫过于在电邮里发泄一通。当你给一个惹恼了你或是引起你猜疑的人写信时，你的心理起了变化。绝大多数人都有这种经历吧，越写越觉得自己是对的，越写越觉得自己有理。写邮件的时候，负面情绪越来越重，再加上越来越强烈的确定感——借助这封措辞妥当的邮件，我终于可以把真相搞清楚了，这会逼着他认识到自己的行为有多么离谱。鼠标一点，没有反悔的机会,这封电邮瞬时抛到了收件人面前,仿佛一记重拳。

在头脑发热状态下看起来很高效的举动,突然间变了味道。或许收件人回了一封措辞更激烈的信,或许他比较冷静,建议碰个面把事情解释清楚。

无论结果是什么,这封头脑一热时写的电邮的确会耽误事。现在我们不得不把事情从头再说一遍,重新商谈。

如果我们有先见之明,愿意拿起电话问问对方,诚恳地听听对方解释,那这事也许 10 分钟就能解决。可如今它变成了耗费精力的麻烦事,轻易就耗掉好几个小时,甚至有可能带来更糟的结果。

电子邮件是很棒的沟通方式,因为它可以快速高效地沟通很多事情,比如定下会议日期,留个便条,开会之前大家交流一下想法,等等。但是,一旦有情绪介入,它就沦落成了最糟糕的沟通工具。写下来的东西太容易被人误解,从电邮里你没法"读出"语气来,它让人产生隔阂,而非拉近距离。

在我认识的人里,有一位最擅长避开此等陷阱,他就是我在 Rain-making 的合伙人和同事莫顿·克里斯滕森(Morten Kristensen)。自打 15 岁起我们就是朋友了,成为合伙人也已经有十几年。在这段时间里,**莫顿从来没有**给我发过一封带情绪的电子邮件,我自叹弗如。我请莫顿把秘诀写一写,以下就是他的经验——

(1)把电邮写好,仔细考虑一下哪些事你认为是公平的、哪些不公平。尽量把自己放到收信人的角度去看,有没有可能他对事实的看法跟你不一样?

(2)写好电邮之后,先不要发送。相反,请做以下几件事:

①有没有可能跟收信人见面谈一谈呢? 如果可以,请安排见面。

②如果没可能面谈,那么把邮件从头到尾重读一遍,遇见任何对解

决问题没有帮助、只为激怒对方或发泄情绪的词句,统统删掉。

③请别人看看这封邮件,作出坦诚的评价,请那个人站在收信人的角度去看。

(3)尽管你抱着息事宁人的态度,但你还是收到了一封气哄哄的回复,请你控制自己的情绪,不要让事态升级。现在是平息冲突的又一个机会,而这正是你的责任。给对方打个电话,或是安排面谈。

请养成一个好习惯,在生气、失望或有所猜疑的时候,绝不写电邮,绝对不要借助电脑来处理情绪问题。否则的话,一封电邮很容易就会引来半天的额外工作。

跳出时间陷阱 4
不用电子邮件处理冲突

当断则断

马丁·本耶格伽德

这是我们跟融资顾问的第一次年度会议。看到 Rainmaking 的业绩和成长速度，他十分满意。"但是，"他说，"如果你们在必须缩减规模的时候也能如此，你们才算真有本事了。"

创业人士一般都很擅长想创意，扩大规模，把公司发展壮大。但是，遇到要裁员、拒绝新客户和新机会、砍掉失败业务的时候，我们的经验就不够了，决策速度也比较慢。

能让创业者立于不败之地的，正是作那些必要却不受欢迎的艰难决策，并且要有迅速又踏实地执行这个决策的能力。

当事情顺风顺水、某个项目一举命中的时候，我们觉得自己简直无所不能。**但如果缺乏了作出艰难决定并果断执行的能力，成功之路迟早会走到尽头。**

我们没有让融资顾问失望。等到第二次年度会议的时候，我们已经可以告诉他，自打上次碰面以来，我们已经关闭了 3 个初创企业，裁掉了 10 名员工。这些决策真的极为艰难，我们没有草率行事。我们发挥出了全部的同理心，也有能力来执行这些决定，同时令每一个人都能积极向前看。我们心底很明白，尽管这些事很困难，但这么做是对的。

　　让一个大型的、运营顺畅的企业实施必要的变革，可能要花费好几年时间。例如，丹麦玩具业巨头乐高就用了好多年才把生产外包出去，砍掉不良业务。而在初创企业中，作出此类决策的速度必须要快很多才行。

　　解雇 CEO，可谓是能想象到的最不愉快的经历之一。裁员可能会伤了人的心，更别提炒掉 CEO 了。那时你多半要请他当天就离开公司，如果他还待在公司，他的失望和挫折感会把整个团队都带得无精打采，对公司未来的不确定感会让每一个人都感觉很糟，没法完成工作。你必须要把这些负面能量控制住，迅速地让大家重新找回安心和踏实的感觉。

　　就在几年前，这种事落到了我身上。我们旗下有间公司运营得非常好，我们从外头请了一位 CEO，希望他把公司再带上一个台阶。他非常踏实，很招人喜欢，履历也很耀目。此外他年纪还比我们大一点儿，他愿意过来跟我们共事，我们感觉都很自豪。

　　起初，一切都承诺得好好的，可事情迅速变了味儿。六个月之后我察觉，肯定有哪里出了问题。当时我正全力忙着另一个初创企业的事，但我会定期看这个公司的 KPI（关键绩效指标，key performance indicator），公司的成长势头很猛，但仔细看数字就会发现，公司每个月都会流失 10% 的客户。我们之所以还在增长，只是因为新客户源源不断。

　　在那个行业里，如此高的客户流失率是绝对不能接受的。我深入追查原因的时候才发现，客户流失是因为配送严重延迟。我立即放下手头上的所有事务，跟那位CEO制定了一个行动计划。两周之后我明白了，他的能力不适合这份工作，他不是我们想找的人。

这对我来说真的是很难接受，因为雇佣他基本上就是我的主意。我判断失误了。应该做什么已经很清楚了，而且没有时间可以浪费。十四天后，我请这位CEO来参加会议。短短一小时后，我向团队其他成员们引见了新的CEO。

当你遇到某人不胜任工作的时候，情况往往是这样的，而且他自己也不喜欢目前的状态。分道扬镳通常是最好的办法。就算他对目前的状况挺满意，但如果能去到一个更适合的位置，他的成就感多半会更大。

在Rainmaking，我们该经历的失败基本上都经历过了，错误的战略、不合适的人才、在过短的时间里运作过多项目。我们之所以还能保持强劲的增长，主要原因就是此时我们已经很擅长作出艰难决定了。

跳出时间陷阱5
面临艰难决策时要坚决果断

精简身边的一切

马丁·本耶格伽德

如果你曾在炎炎夏日喝过冰凉的百威，那你应该对一个名叫鲁汶（Leuven）的小镇心怀一点儿感激。鲁汶是比利时法兰德斯布拉邦省（Flemish Brabant）的省会，也是世界上最大酿酒公司百威英博（Anheuser-Busch InBev）的诞生地。苏菲·范德布罗克也出生在这里，她在比利时长大，在鲁汶大学取得了机电工程学的学士学位，后来去了常青藤盟校之一的康奈尔大学，在那里拿到了电子工程学的博士学位。

苏菲称自己是个"内部创业者"，意思是，她在一间大型公司内部创业，这间大公司就是施乐。

就像绝大多数创业人士一样，她喜欢开发激动人心的新产品，热爱其间的挑战。但与绝大多数创业者不同的是，她还肩负着管理一支巨型团队的责任，在有些时候颇为官僚的大企业组织内部转圜。

"我们经常能想出新创意，希望它们能够对顾客产生很大影响。但是，其中有不少也会影响到公司的现状，影响到我们目前的技术和产品线。为了做好企业内部的创业者，你必须信心满满，因为你面前横亘着重重困难。你必须要确保所有的团队成员、管理层还有整个价值链都齐心合力，把创意推向市场。以我的经验来看，如果你想让别人打心眼儿里信服你，你自己先得感觉良好才行。除非你能保持工作和生活的平衡，否则你是不可能感觉良好的。"苏菲这样说。

她曾经拥有过这种平衡，先生过世之后她的生活一度失衡了，但她现在又找了回来。

当她突然之间成了单亲妈妈，还要抚养 3 个年幼孩子的时候，许多人都劝她，唯一的办法就是从职场上退下来。可她很清楚，想要让自己和家人获得长远幸福的话，她必须把这份极其热爱的工作做下去。于是，为了重新找回平衡感，苏菲想出了一套新办法——把个人生活和事业重新梳理一遍，作出精简。

"我发现生活中有很多这样的事情，让我们很操心，其实一点儿都不重要。这些事不会增添幸福感，也不会让你过得更平衡，而且它们不会提升你的工作绩效，也不会帮你把公司或项目做得更好。于是我问自己：从今往后，我可以不再做哪些事？"苏菲这样告诉我们。

在个人生活方面，苏菲雇了个帮手，帮她每周作一次日用品采购。由于冲动购物减少了，额外增加的成本很容易就能找回来。她卖掉了先生的船，这样她就不必花精力去打理它。她找到了一个新的度假方式，不仅规划起来压力没那么大，孩子们也觉得更有趣了——去野营。苏菲还决定，从此不再组织任何社会活动。她的夜晚和周末时间一下子多了出来，而且这样不会伤害到任何人，因为那些事情自有别人接手。接下来，她做了一件很多人都觉得不可思议的事情：她精简了自己的交际圈，只把心思用在少数亲近密友上，在人际关系上重质不重量。

在工作上，她也是这么做的。她减少了文书工作，比如不写报告和通信简报，反正写了也经常没人看。借助精益思想的方法，她把大量的内部工作流程简化掉，主动授权。

在苏菲·范德布罗克的启发下，**请你对自己的生活作一番全面的审视，包括每天的活动和任务。这些事情对事业发展有益吗？让你或你关爱的人生活得更幸福吗？** 如果答案是"不"，你能砍掉哪些？

以我个人为例，几年前我做这个练习的时候，找到了好几件既费时间又意义不大的事情，完全可以再也不碰。我从此不再开车上班、不再打扫屋子和修整花园、不再看报纸，甚至从此不再熨烫衬衫，也不再穿时髦的西装。为什么？因为我发觉这些事情不但跟我的幸福感没关系，对我的事业也无甚帮助。反而日后我会后悔，当初怎么没多花点时间在家里吸尘呢。

当然了，要砍掉这些我不愿做的事情，还是要动动脑筋，好好安排一番的。我住的地方离办公室有 3.6 千米，骑自行车上下班的话，每天只要 10 分钟。我选择住在公寓里，这样就无须做园艺，家居清扫的事务也不多了。我还改掉了穿衣风格，穿得更像硅谷的创业者，而不是伦敦的投资银行家。人人都有自己的一套优先次序，都知道轻重缓急，却总是不照着做。所以，这是一个提升幸福感和工作绩效的好机会，每隔一阵子就把生活梳理、精简一番吧。

跳出时间陷阱 6
把生活中没有任何增值的事情都砍掉

拿起潜望镜

乔丹·麦尔纳

公司和业务占据了你的整个生活，除了这些你不想别的。早上醒来时你想着它，晚上躺下后你还在想，觉也睡不着。你的视野渐渐变得越来越狭窄。

把精力都放在一处固然很重要。可是，聚精会神关注手头的工作，跟完全陷进去、忘掉大局，两者之间是有区别的。

Flick'r 的联合创始人卡特琳娜·菲克这样解释道："如果你在自己的公司里陷得太深，内部和外部的机会可能都会失去。一头扎在'工作'里的话，你不仅会错过精彩的时刻，也会错失成功的机遇。"

潜水艇会用潜望镜来评估周边环境、确认目标和威胁，企业的管理者也可以这样做。睁开眼，多用用潜望镜。

当你一心只盯着工作的时候，请记住，抬眼向四周看看，这恰恰是

"专注工作"的一部分。看起来你是把眼光移开了,但事实恰好相反。后退一步,反而有助你看清全局。

"商业是一场充满变数的游戏,适应能力强的人才能胜出。想要增强适应能力?你得看到外界发生了什么,然后作出反应。为了看清外头发生了什么,你得时不时抬起头来,深呼吸,把眼光移到你这个疯狂的小圈子之外。"卡特琳娜说。

视野狭窄的毛病会在很多地方显现出来。例如技术型公司时常过分关注产品性能,而忽视了顾客的需求,只顾埋头执行预定战略,结果市场早已变了。

试想一下,你舒舒服服地休了个假,回来之后把精力集中在正确的事情上,而且效率更高。这个主意怎么样?暂时离开一阵子,你往往就有了新的视角,能够更清晰地看到哪些事情更重要。不知你有没有这种经历:度假回来之后,你毫不犹豫地把某些任务从待办清单上删去了,或是想到了突破性的、能够把企业带上一个新层次的好创意。为什么这样的事情一年只能有一两次?为什么不能一个月一次、一周一次,甚至一天一次?

起身换个环境,或是让自己动起来。周末出去走走,或是去个以前从没去过的地方,周一回来继续工作的时候,你会发现自己状态奇佳。这些都好比是拿起"潜望镜",观望你那小小的舱室之外发生了什么,不管你是只看了 5 分钟,还是看上 5 个月。

跳出时间陷阱 7

切勿迷失在细节里,见树不见林

避开掠夺成性的人

马丁·本耶格伽德

跟自然界里一样，商界里也有掠夺者，这是生活的常态。有些人想占我们的便宜，欺骗我们，这种人可能很有魅力，精明狡黠，很难识破。比如有些风险投资人看似对创业很有帮助，却躲在幕后操纵现金短缺的创业者，坚持拿走多数股份；再比如某些品行不良的合作伙伴，故意捏造数据，少支付给我们应得的钱。

幸运的是，这类掠夺成性的人变得越来越少，在这个越来越透明的世界，他们很难生存下去。但这样的人依旧存在，尽管对付他们看似浪费了宝贵的精力，我们还是得这样做。

最有用的心态就是，在每一段新的人际关系展开之际，我们都要抱持信任和开放的心态。十个人里有九个是善良的，就算第十次遇上个骗子，我们得到的也肯定比失去的有价值得多。在自然界里，小动物万一撞上了掠食者，可能就没命了。在商界，我们不会丢掉性命，但结果仍然有可能很悲惨。但如果我们警惕起来，还是可以避开这种人的，躲开随之而来的危险，把精力放在积极正面的关系上。

为了在事业上取得更多成就，生活得更加幸福，十分重要的就是绝不要重复犯错。万一遇上了这种掠夺成性的人，你一定要吸取教训。迅速抽身走人，永不回头，不要在上面多浪费一点点时间和精力。把自己重新调回"信任模式"，寻找能够鼓励并回报你积极心态的新同伴。你并不需要跟所有的人都合作，选择那个能够给你能量和幸福感的人，避开那些想榨干你或利用你的人（不管他们是不是故意的），这种做法一点问题都没有。

别跟混球缠个没完，这太浪费时间了，不要隐忍和迁就。同样重要的是，别让这事把你也变成混球。

跳出时间陷阱 8
别跟混球缠个没完，自己也别当混球

不做控制狂

乔丹·麦尔纳

　　你正在做一件很喜欢的事情，或许是陪孩子们玩，或许是跟朋友外出聚餐。每一个人看上去都全身心地投入在眼前的事情里，享受着友人的陪伴，聊天，大笑……可你却没办法关注当下，你忍不住在想公司里怎么样了，每件事情都做好了吗？走的方向对不对？我现在是不是应该工作？这种感觉糟透了，可你却忍不住要想。家人和朋友似乎注意到你心不在焉，而你也苦恼地注意到，你正在错失美好的一刻，可你就是管不住自己。**如果你的心没有离开办公室，下班休息岂非徒有虚表？**更有甚者，坐在那儿懊悔是不能解决任何问题的。

　　　烦恼就像个摇椅，它让你有事干，却依然待在原地。

　　　　　　　　　　　　　　　　　　——格伦·特纳（Glen Turner）

这样过日子的话,你心里会充满懊恼和悔意,无论是对事业还是对生活都没有一丁点好处,这跟你"充分享受生活,同时开创成功事业"的目标简直是背道而驰。创业家兼铁人三项运动员米奇·索尔(Mitch Thrower)跟我们讲了他的心得体会,以下就是他活在当下、从工作压力中解脱出来的一条最重要的原则:

"你要挑选能信得过的人为你做事,你要放手让他们犯错误,把控制权放给他们。创业者天生就是控制狂,我们之所以没法平衡工作和生活,这就是原因之一。诀窍在于,你只需确保事情做好就行了,至于是不是按你的方法做的,你就别管了。把事情做好,和把事情按照你的方式做好,你可得把这两点分得清清楚楚。"

相信你身边的人能把事情做好,如此一来,你就不用记挂那么多事儿,头脑会轻松很多。况且,通过放权,你或许还会惊喜地发现,由于你这么做了,企业走上了一个你从未设想过的新方向。

> *跳出时间陷阱 9*
> 该放手时且放手,切勿事无巨细都要过问

给商业计划书瘦身

马丁·本耶格伽德

世界各地的商学院里，学生们都要学写商业计划书。这种东西能把商业创意分析清楚，准确又详细地呈现出来——市场有多大？谁是我们的竞争对手？每年营业额会有多少增长？五年内的预算和详细规划是什么？作为一种学术训练，它或许有些价值，但对很多创业者来说，这个方法其实没什么用，全是靠猜的，只是空想而已。

37 Signals 的贾森·弗里德在他的畅销书《重来》(*Rework*)中简明地说出了他的看法："要预估未来几周、几个月、几年的事情，简直就是痴人说梦。"这话再正确不过，看来这么想的不止我和乔丹两个人啊。

皮尔·珂兰道夫(Peer Kolendorf)是一名丹麦创业家，旗下有 5 家公司都成功售出，最大的一家卖出了 3000 万美金，他同时还兼任欧洲工商学院(INSEAD)的副教授。第一堂课开头，他总是告诉学生们，不管你们往商业计划书里写什么，都有可能站不住脚。

"大家都一脸迷惑，赶紧翻出表格，看哪里写错了。"皮尔乐呵呵地说。

这不是学生们的错。**你认为能说准一家初创企业在未来五年内的发展，这简直是傲慢自大。**把大量宝贵的时间花在瞎猜上，无异于浪费。

每年有数百万小时的时间都这样被浪费掉了，聪明的人们一页页翻着其实永不会开花结果的PPT和商业计划书。绝大多数企业会随着时间而改变、演化，人在写计划书的时候，往往是最不懂该怎么做的时候。刚开始创业，就认为自己无所不知，能掌控一切，这种心态太危险了。你需要明白的是，你还有大把东西要学，而且要让客户的行为指引你。

如果你需要说服投资人或银行，那你八成得硬着头皮瞎编一通（后面很快就会谈到这个）。幸运的是，投资人也开始醒过味儿来了，很多人不再愿意看五十几页的PPT和没完没了的虚构规划。他们也开始采用新方法来评估初创企业，比如在正式投资之前先观察一段时间，看看企业的成长势头如何，甚至还会出席这家公司的客户会议。

商业计划这种东西基本上是在学校里发展壮大并受人追捧的，因为它比较具体，方便老师评估打分。随即它就风行起来，遍地开花，因为我们总是先从教育机构学本事、长知识的。

如果你愿意在学校里花上四至六年时间研习商业，却不去掌握把企业做起来的最新、最重要的技能，那你的想法可真是危险。的确，在学校你可以学到很多有价值的本领，比如打陌生拜访电话、设计产品原型、制作新颖营销的视频等，但为什么不利用在校时间学点能让你真正出类拔萃的本领呢？

Techstars、Y Combinator 和 Startup Bootcamp 这样的创业加速项目已经取得了巨大成功。你去申请的时候，他们根本不会向你要商业计划书（更别提看了）。相反，你要填一张表格，上面的问题不会超过 20 个。如果你通过了第一关，下一步就是 10 分钟的电话面试，随后是更长的电话面试。最后，如果你依然没被刷掉，你们就可以面对面细谈了。

如果你读了这本书，那么你大概听说过 Groupon，一家有史以来成长速度最快的公司。如此巨大的成功，必定是从第一天就规划好了的吧？非也。实际上，它最早只是一个集体协作开放平台 The Point 的副产品，机缘巧合下成长了起来。做企业充满变数，绝大多数初创企业都会根据市场反馈情况不断调整定位，直到找到一个能够稳稳站住的领域为止。

与其把时间浪费在撰写商业计划上，不如拿一页纸，简简单单地把以下几点写出来：愿景，价值，几个关键数字，三个最重要、马上就应该去做的事情。然后开始干实事，给客户打电话，设计产品，吸引媒体的主意，或是调整广告方案。做完之后你就可以轻轻松松地回家了，用不着因为没写出一份五年商业计划书而羞愧。

> 跳出时间陷阱 10
> 再也不写长篇的商业计划

别再藏着掖着啦

马丁·本耶格伽德

他的举止挺招人喜欢,而且精力充沛。房间里坐了五六十个程序员和创业者,他有 3 分钟的时间介绍自己的创意,可以展示 3 张幻灯片,引起大家的兴趣,拉几个人入伙,一同创业。

他开口了:"我有个特棒的主意,做一个关于潜水的门户网站。我是个老师,之前从没创过业。我需要找几个同伴一起做,特别需要一个高水平的程序员。"随后他放了几张潜水和装备的图片,介绍过程结束了。

前排有个程序员,膝上放着一台笔记本电脑,他举起手提了个问题:"你能给我们多讲讲你的想法吗?"创业家的答案很礼貌,却也很坚决:"现在还是不讲了吧。"

他继续说下去,态度尽可能地友善:"我不想说得太多,因为这个想法真的很棒,万一有人抄袭走了,就不好了。"对话结束了,听众客气地鼓了鼓掌，他坐回了自己的位子。

这是一个真实的故事，很不幸，它并非唯一的特例，我见过大量类似的。

在 Rainmaking，经常有人问我们："你们是怎么替创意保密的呀？"现在我已经知道怎么回答了，头几次被人问到的时候还真有点措手不及，因为我完全不理解他们的逻辑。我们花了那么大力气，希望找到最好的办法把创意传播出去，为何还要保密？你知道有谁是凭着"秘密"创意成功的吗？

我们第一次看见这个世界，就是透过自己的眼睛，这是很自然的。但是，如果我们没能成熟起来，没有跨越这个阶段，我们往往会误以为，自己就是这个宇宙的中心。没错，我们是自己的中心，可别人也有人家自己的生活、时间表和梦想。认为见到的人都一心想着剽窃你的创意，这未免有点妄自尊大了吧。

Skype 的创始人兜了好大一圈，才找到愿意投资的人。如今，我们觉得他们的创意简直是天才神作，要是那时候听见了，八成要把它偷过来据为己有。但更有可能的是，如果我们穿越回 2003 年，我们可能会礼貌地听着加努斯·弗里斯（Janus Friis）和尼可拉斯·曾斯特罗姆（Niklas Zennstrom）说完，转回头去接着做我们自己热衷的东西。

人类的动机和心智的运作机理没有那么简单，你不大可能轻易放弃自己的项目和创意，转头去做别人的。

不管当时是什么情况，下面的事都不大可能发生——听完加努斯和尼可拉斯的创意介绍，你就做出了 Skype——就算你一直想做这么个东西，也不一定能做成。据说，在把公司成功做起来的必备因素中，创意这一项大概只占 1%～5%。余下的要靠执行。成功的执行需要许多元素共同配合才行，而这些东西不是一下子就能有的，比如能力和人脉。

把创意讲给别人听，你会得到很多收获。你能得到很有价值的建议和反馈，这些东西能帮你把创意设计得更成熟。你没准还能跟潜在客户、专家和投资人建立起重要的人脉关系。你跟别人说得越多，创意就变得越完善，能帮你的人也越多，你的信心也越来越强。**只藏在自己脑瓜里的创意很快就会枯萎掉，因为它缺乏养分。**

对于创业人士来说，人脉关系可谓是最重要的资产之一，你得信任别人，跟别人沟通，才能建立起人脉。如果你不肯把创意讲给别人听，相当于你无意中发出了一个讯号——你信不过人家的道德水准和创意能力。

所以，别总是藏着掖着的啦，别把宝贵的时间浪费在这上面。马上就把这个毛病改过来——去写一篇博文，把你现在最棒的创意详细地写出来。告诉每一个人，你想碰面说说这个想法。要有信心，看看会发生什么吧。

跳出时间陷阱 11
把创意大大方方秀出来

学会聪明地找钱

马丁·本耶格伽德

你作了决定。为了让这个初创企业尽可能快速高效地成长起来，你需要引入外部资金。这个决定或许很有价值，但你也有可能因此踏上了一条自我消耗的道路。

完成一轮融资，你试过多少次？一次，两次，甚至三次？在绝大多数创业者看来，成功融资是个小概率事件。

幸运的是，一旦拿到了钱，我们往往就争取到了一段时间，在需要开始下一轮融资之前，我们可以把精力集中在公司的成长和管理上了。

可这也意味着，极少有创业人士真心喜欢这件任务，特别是在投资界的风向变得比巴黎时尚圈还快的当下。

前一年，投资人希望看到野心勃勃的成长规划，可后一年，他们要看的是准确的收益预估。有些投资者特别注重团队，另一些则看重愿景。

欧洲的投资人要衡量很久,美国人作决定就很快,日本的投资人则想把你灌倒。这是个危机四伏的丛林,身为创业者的你往往是战战兢兢的猎物,而不是狮子王。

结果,你很容易因此失去了重心,四处"飘荡"。你必须要两手同时抓,一只手抓业务,一只手抓筹资。你有无数会议要开,可极少能产生成果,也有可能你压根找不到投资人愿意听你说。

渐渐地,这件事跟你的预想越差越远,而且账户里迟迟收不到所需要的资金,你的动力也慢慢减弱了,这些因素加起来是致命的。

在 Rainmaking,五年来我们一共募集到 1000 万美元,分配给了 10 家初创企业(余下的资金是内部筹集的),无论融资的过程是美好还是冗长,我们都经历过了。这一路下来,我们把募资的方法不断优化,总结出了以下 7 条经验。

1. **预留出 6 个月时间**。从你开始融资到钱打到账户,差不多需要这么久。如果一切顺利的话(这种情况极少),你得到的就是好消息,而不是破产的噩耗。筹集到的资金起码得够你支持一年以上,一年半更好,这样一来,在重新考虑下一次融资之前,你可以不受干扰,专心工作了。

2. **挑出创业元老中最擅长做销售的那一位,在整个融资过程中,请他全职打理这些事情**。融资不是想起来再做也无妨的边角料工作,也没法半途授权给别人。在融资过程中,你必须持之以恒,所以把工作拆分开来吧,"保护"团队中的其他人不受投资人和他们问题的干扰。

3. **第一次见投资人的时候,把各种材料做得漂亮点儿**。绝大多数投资人还是希望看到能给他们留下深刻印象的文档,要是资料做得不够出彩,你就总是落后一步,人家不会太把你当回事儿。很悲哀,但这是事实。

4. **了解公司的财务状况**。创业企业的财务一般都非常简单,你一定要搞明白这几个关键问题:你的营业收入打哪儿来? 各种成本产生在何处？随着公司成长，这些数字会出现哪些变化？找个比你做得稍微好一些的对手（或有可比性的初创企业）作参照，证明你的数据是真实可靠的，不是凭空瞎想来的。

5. 广撒网，多捞鱼。 走上台去，对着满满一屋子投资人推销你的创意；使用诸如 Angellist 这样的线上论坛；游说投资人的时候，要像寻找客户和合作伙伴一样满怀激情。投资人跟咱们普通人一样，行为是没法预测的，你用不着去猜谁会喜欢你的项目，让每个人都有爱你的机会吧。

6. 当心"伪投资人"。 业界有那么一批自诩为投资者的人，他们只想混一顿免费的晚餐，再听听激动人心的项目。你要养成习惯，见面没多久就问出这个问题："您上一笔投资是什么时候做的？"如果答案是两年前（或更久），金额也小于你想要的，那你就礼貌地撤退。你是个寻找资金的创业者，用不着给人提供免费娱乐。

7. 积极主动，推动融资过程顺畅进行。 需要钱的人是你，别指望投资人替你把事儿给做了，这些都是你的活儿——频繁地给他们打电话，把上次见面后取得的进展告诉他们，把对话朝着签约的目标推进一步。

你尽力追求最高的工作效率，但融资这回事向来是个干扰。这是个大工程，而且你多半不熟悉。你必须掌握好时间，规划一个合理的进程，好让自己不用绕太多远路，就能成功拿到资金。

跳出时间陷阱 12
聪明合理地融资

不要让科技控制你

乔丹·麦尔纳

科技手段是很有用的工具,也是让你高效率工作的必备品,可它也是个陷阱。当你买了全新的智能手机,或登录 Facebook 的页面时,不会有警示标志跳出来提醒你,万一使用不当的话,这些东西会让你上瘾,消耗掉你的时间。

在现代社会,一天的任何时段你都能工作。你可以在午夜时分醒来,打开电脑把突然蹦出来的想法记下来。科技的潜力无限大,可你必须掌控局面,别让它们控制了你。

在这些工具里头,没有哪个比电子邮件更危险的了。数百万人都读过畅销书《每周工作四小时》,作者蒂姆·费里斯必要而中肯地抨击了电邮。可是,自从这本书上架以来,电邮这东西并没有偷偷地躲藏起来。远非如此,近期一项调查显示,超过 96％ 的反馈者说,在过去的一年中他们的电子邮件要么跟原来差不多，要么就增多了；还有96％的人说，他们预期在未来五年内，工作中的电邮数量可能会维持现状，或是变得更多。在找到实质性的解决办法之前，我们肯定还得用这东西，所以得找个最好的使用办法。

商界教练和效率专家史蒂沃·罗宾斯指出了电邮使用不当的危险，他认为起码有3个问题：

1.它让我们产生一种虚假的紧急感，把我们的注意力从手边的工作和周围的人身上转移开。我们必须想清楚一点：在绝大多数情况下，就算不马上回邮件，也不会错过重大的机会、忽视重大的问题，它们是不会立即消失的。

2.当你离开电脑的时候，生活才算开始。想想你生命中最美好的时光，当时的你是在写电邮吗？恐怕不是。

3.电邮总是把你放在被动反应而不是主动出击的位置上，你得响应别人的要求，解决他们提出的问题。电子邮件就像是个别人为你制订的、永不会结束的待办事项清单。

当你想干点别的事情、换换脑子的时候，花点时间整理收件箱是个不错的选择。但你的黄金时段应该用在最重要的头号目标（WIGS）上，要当心，把控制权握在自己手里。

跳出时间陷阱 13
切勿每隔5分钟就查看一下电邮

做商界的和平主义者

马丁·本耶格伽德

　　纳尔逊·曼德拉（Nelson Mandela）和圣雄甘地（Mahatma Gandhi）是现代历史上受人尊敬的领导者,他们来自不同的国家,属于不同的时代,但他们有一个共同点:深信和平和合作的力量。甘地有一句名言:"以眼还眼,世界只会更盲目。"

　　幸运的是,很久以来,我们不用再担心街道上的士兵,或是空中如雨点般落下的炸弹。

　　然而,在董事会和法庭上,另一场战事依旧在持续进行着。尽管这种战争不能跟军事冲突相提并论,但它如今的昂贵程度和破坏性超过了以往任何时候。

　　2008 年,美国企业家们花在诉讼上的费用达到了 1050 亿美元,根据预期,这个数字有望在 2011 年升至 1520 亿。

商业世界中绝大多数冲突都不会闹到法庭上，可即使是那些在律师办公室外的走廊上悄悄解决掉的冲突，其昂贵程度和给人带来的压力一点都不比上法庭低。

　　想想你亲身经历过的工作中的冲突，或许是两位公司创始人之间的对立，或许是管理层和员工因互不信任闹起的矛盾，或许是投资人搅得公司不得安宁。这些日常的"战争"会吸干我们的精力，浪费我们的时间，消耗我们的金钱。

　　拜这些"战争"所赐，许多初创企业早早夭折了。在商业世界里，我们需要更多像曼德拉和甘地这样的人。甘地还曾说过："你想看到世上发生什么样的改变，请你先身体力行。"

　　我的愿望是我们都能成为商界中的"和平主义者"，引领这种改变。这不仅能为我们的内心带来更为深邃的平和感，让世界越来越繁荣，还能让我们变得更加富有，更加幸福。

　　你可能会想："被人攻击的时候，我们得保护自己呀。"可是，各人对"攻击"的理解有很大差异。有些人的容忍程度奇差，只要你看他们的眼神不对，他们就打算动手了；另一些人能忍受许多无礼的攻击，心跳也不会加速。

　　决定我们的心胸和容忍度的因素包括自尊、自重和成熟程度，以及我们认为自己是什么样的人，这是基于我们内心深处的自我感觉。

　　即便是受到了确凿无疑的攻击，我们依然拥有选择回应方式的自由。没多久前，我们在 Rainmaking 就遇到了这种抉择：有个以前的合作伙伴从我们这里挖角，剽窃我们旗下一家公司的产品，还想把一个重要的供应商撬走，摆明了要跟我们针锋相对，展开竞争。

这简直是公然违背他自己应允的合约。当初，他要了个合理的价码，我们付清，他明明签下了合约的。我们失望极了，因为大家都挺喜欢这个人，也以为好感是相互的。或许的确是相互的，但这里头掺杂的动机实在太多了，或许是他太太怂恿他这么做的，因为她在新公司里得到了一个职位。

我们几个人聚在一起，讨论应该如何得体应对这件事。上法庭的话，我们胜算很大，但我们没有选择这样做，我们不想让负面能量进一步扩大。除此之外，庭审要花时间，还要花钱。相反，我们决定把这些资源用在更好的地方——把自己的公司好好做起来。想通了这一点，我们的做法就很简单了。我们原谅了他，继续做自己的事。

结果，这个决策好得出奇。两年半以后，我们收获了数百万美元，而那位曾经的合作伙伴的企业一直没做起来。

他的失败要归结为许多因素，但我个人认为，他从没用心去做那家新公司。抄袭别人，违反合约，他心里头知道这些都是错的。运作一家初创企业很吃力，带着这种感觉去做事，绝对不是好开始。他的内心和能量在跟他唱对台戏，而不是助他一臂之力。

另一方面，我们的内心安宁又纯净，高效地运用了时间、金钱和能量。除此之外，当我们选择了原谅和大度，一副重担从肩上卸下了。这种感觉很好。

商界里的"和平主义者"能做成大事业，容忍是最有力量的反应。尽管短期很痛楚，但长远来看，它更有可能瓦解挑衅者的戾气，让我们成为榜样，并且激励他人也这样做。

现实中人们很容易头脑发热，变得好斗。但长远来看，赢得我们尊重的是什么人呢？是那些展现出爱心和慈悲的人，而不是那种咄咄逼人、欺凌别人的人。

跳出时间陷阱 14
妥善处理冲突

当前路崎岖时

→ 5 条为你鼓劲的好想法

你决定创业,或是成为商界领袖。欢迎你踏上这条如小径般崎岖不平的道路。坦白说,我们每个人都得在心里头把安全带扣好了,否则很可能会在途中失去幽默感和对生活的热爱。我们会经历困难,遭遇挫折和失败,其中有些看起来是致命的。

但其实没那么严重。创业者的字典里没有"失败"这个词,只有各种各样的反馈。我们要不断往前走,也要把握复原的契机。听起来很残忍,是吗?并非如此,这一切都发生在你的心里。接下来的 5 篇文章会助你一臂之力,当你面临压力或险峻峭壁的时候,它们能帮助你变得坚强,甚至能让你用欢欣鼓舞的姿态面对困难。

热爱挑战

马丁·本耶格伽德

你有没有注意过别人是如何为退休作准备的？有人说，退休后要搬到平房里住，再也不用上那些"讨厌的楼梯"了；有人特别盼着退休，因为从此再也不用上闹钟。是不是这样？很多人快到 60 岁时就开始想这些，有些人甚至还要更早。

我父亲快满 60 岁时，做了三个决定。当时我统统强烈反对，竭力劝他别这么干。他本有机会把投资的物业卖个好价钱，可他拒绝了，相反，他搞了个全面的翻新和增建工程，这个工程让他的财务陷入危机，害得他一直忙到今天。第二个决定，56 岁那年他参加了当地的空手道俱乐部。有一天他突然身上缠着白腰带，顶着一头灰发，跟班上 20 出头的小伙子们对练过招。第三个决定，59 岁那年他又有了个儿子。我的小弟弟克里斯蒂安今年 7 岁了，跟我 5 岁的小女儿感情特别好。

"他也太怕老了吧。"当年我是这么想的。说实话，我真替他担忧。

可如今，父亲66岁了，我必须得说，过去这十年来他一点儿也没有老去。当然，他的脸上多了几条皱纹，但在其他方面，他比绝大多数50岁的人都好。他每天锻炼两次，体型保持得比我还棒。我们俩比赛举重的时候，我只能认输，这每一次都让我感到惊讶。他的谈吐跟年轻人一样，平时出入空手道俱乐部，喜欢跟人聊点网上趣闻。可最重要的是，他开心，健康，依然像30岁一样，每天都过得那么充实。

可是，跟父亲那些同龄朋友们待在一起就没这么有趣了。几年前他们退了休，整天安安静静坐着谈天气。他们迅速地避开生活中的一切挑战，哪怕是最小的也不例外——他们搬进了平房，从此不用上台阶；他们雇人来修剪花园，还卖掉了夏季度假屋，因为打理起来太费事。换句话说，他们竭尽所能，把昔日的生活一点点拆解掉。

人生教练安东尼·罗宾斯（Anthony Robbins）喜欢用真实的人生故事来激励我们。这些故事的主角即便进入暮年，也依然活得充实而精彩。"美好人生"不一定非得是上半辈子功成名就，然后突然有一天就全面停手，什么事都不做了。所谓早早退休的梦想，其实是个谎言。

幸福快乐，应该是保持旺盛的生命活力，积极迎接能让你从中学习、不断成长的新挑战。

对于咱们创业者来说，这个看法有深刻的意义。许多人都梦想着赚到大钱，但当成功并没有如约而至的时候，我们会失望，心里会产生幻灭感。可我们没理由这样想啊。关于幸福，最重要的一点就是我们一直在追求它，孜孜不倦地实现它，不断地学习新东西，始终保持着对生活的热情与渴望。跟我们期盼的那些外在目标相比，这些真实的、更为内在的目标其实更容易实现，即使你的银行账户里没有一亿美元，也没有随叫随到的殷勤仆从，你也能体会到幸福的滋味。

愉快地迎接人生和创业带给你的挑战吧。

当前路崎岖时 1

麻烦＝挑战＝成长＝幸福

在危机中看到机遇

乔丹·麦尔纳

对于我们绝大多数人来说,当事情一帆风顺的时候,平衡更容易实现。在笔直又通畅的路上开车时,我们会打开巡航功能,把车窗放下来,好好地享受旅程。

当一切都按计划进行的时候,人们更容易找到生活的平衡感。生意好的时候,早一点离开办公室也没关系,也可以多放几天假,庆祝签到了新合同,或是收获了不错的利润。

但现实是,事情极少按计划走。计划行不通的时候怎么办?此时才是平衡生活的承诺真正接受考验的时候。当一个始料未及的挑战突然出现,我们的生活好似陷入漩涡。无论是事业还是生活,步调被打乱了,失去了重心。许多人背上了沉重的压力,一直没能缓过劲儿来。

施乐的首席技术官苏菲·范德布罗克就曾经历过突发的变故,在这方面她有话要说。她的力量不仅仅在于一帆风顺时能够取得成功,实现平衡,还在于面临困境时(她的先生溘然离世)能够保持积极的心态,把人生的平衡维持住。从她最爱的一句格言中,苏菲获得了启示——机遇蕴含于危机之中。

苏菲说:"在中文里,'危机'这个词是由两个字组成的,'危'是危险,'机'是机遇。初看之下,这个词很吓人,但如果你捂上左半边的'危'字,右边余下的就是'机'。无论局面有多糟糕,要始终看到机会。对我来说,这是个极其有价值的心态。比如,就在你打算发布新产品,或是某个实验失败的档口,竞争对手杀出来了。在生活中你跟男朋友分了手,或是经历了911这样的惨剧,或是更糟的,挚爱的人故去……你受伤,你害怕,这些情绪绝对是可以理解的。"

"可很多人吓得不会动了。有人听到公司打算裁员,就手足无措,不知该怎么办才好。我从来都对他们说,这是个机会。把简历好好写写,提些改进工作的建议,走出去帮助那些需要帮助的人。如果你跟恋人分手了,就去结交新朋友。如果你能把自己调整好,外头有的是机会。专注在机遇而不是危险上,这能帮助你掌控平衡。尽管有时这样做很难,可一旦你的心态转过来了,你就会自动地问自己:好吧,机会在哪儿?"

无论你遇到的障碍有多大,属于什么类型,你不但要尽力去跨越它,还要积极地从中寻找机遇。现在,你遇到的最大挑战是什么?如何化险情为机遇?

当前路崎岖时 2
每一次挫折都是新机遇

凡事总有解决办法

马丁·本耶格伽德

　　当成功来得并不如预想中那样容易时，有些人就轻易地责怪起外部环境来。"要不是运气这么差，我就成功了。"可马克西姆·斯彼得诺夫（Maxim Spiridonov）不这么想，他的故事和心态告诉我们应该怎么做。

　　在访谈中，34 岁的马克西姆镇定而自信，侃侃而谈，跟我们聊着他最心爱的几个创业成果。其中一家企业拥有两份俄罗斯的网络杂志，每份大约都有十万用户。另一家是他在 2008 年创办的商业播客网站，如今已经是全俄罗斯最知名的了。现在他把这家公司的一半股份卖给了一家莫斯科的风险投资公司，还跟俄罗斯版的《福布斯》（*Forbes*）签订了协议，把播客内容做成文本出版。

　　马克西姆并没有拘泥于媒体行业，他最新创办的企业做的是外汇买卖软件。我跟他见面的时候，这家公司刚刚运营了 8 个月，员工人数已经到了 40 个。客户每做一笔交易，他们就收取服务费。相当令人惊讶的是，他们已经盈利了。

马克西姆身穿黑色 T 恤，坐在那边，看起来身材匀称，十分精神。尽管我有点不好意思问，可为了采访，我还是鼓起勇气问他是不是经常健身，"是啊，每天早上运动，做拉伸和瑜伽，大概三四十分钟吧。"他很自然地回答了我，看来我把尴尬的情绪掩饰得还不错。"每周我还要去两三次健身房。"实际上，接受完我的采访，他就要去健身。他哪儿来这么多时间呢？

"我没时间也要健身，健康的身体是成功的基础。"我感觉到，这话他之前肯定也说过，或许是对创业伙伴和同事，或许是在各种创业者沙龙中，他经常在这些场合作演讲。演讲时，他最喜欢讲的就是跟合作伙伴和同事们建立信任、尊重的关系有多么重要。"归根结底，都是信任的问题。"这是他最喜欢说的话。

一月份他是在泰国度过的。"我住在哪儿都无所谓，只要有好用的网络就行。"过去的三个月里，他去了以色列、乌克兰和瑞士，还游历了他广袤的故土，其中包括一次西伯利亚之旅。下一站，他要带着两个女儿去土耳其。两个孩子大的 12 岁，小的 9 岁，跟着母亲住在德国纽伦堡（Nuremberg）。不旅行的时候，马克西姆就把时间平均分配，一半留在莫斯科打理生意，一半到纽伦堡陪女儿。这个办法效果很好，而且马克西姆很喜欢，因为这样他可以同时浸润在两种文化里。

这一切看上去有点太容易了，我心里暗自嘀咕起来。他的父母是不是那种我在报纸上读到的寡头？他是不是富二代？

这几条推测里头，没有一条靠谱的。马克西姆手里的每一分钱都是自己挣来的。他原本学的是表演，在圣彼得堡（St. Petersburg）的剧院里艰难地求生存。成家之后，演员的收入不够花了。当时正逢 1998 年，金融危机撼动了俄罗斯崭新的市场经济的基础。

跟我谈天的时候，关于那场危机马克西姆一句也没提到过，他也没说起当年在既没有资金和人脉、也没受过相关教育的情况下创业有多难。他好似不是这样看事情的。相反，他跟我谈起，他和几个剧院里的朋友合伙开了个演出公司："我们了解演艺行业，也认识很多能帮我们组织精彩演出的人。我们太喜欢做这个了，感觉这些不像是正经工作，而是在玩。我们的年营业额达到了四五百万美元，2004 年我卖掉了自己的股份，搬到了德国，想尝试些新东西。"

"做生意的关键就是你得觉得好玩，开心。"马克西姆说，听起来这是他的另一条箴言。

几年前他建立了一个社团，人们可以选出自己心目中的下一届俄罗斯总统。这本来只是个玩笑，结果却吸引了成千上万的参与者，也吸引了大量的关注。下个月，他打算去上探戈课。

"他是莫斯科最出名的年轻 IT 创业家之一。"挤地铁的路上，俄罗斯的联络人告诉我。这条地铁运送的乘客数目是伦敦和纽约的总和，一天八百万人，是欧洲最大城市的半数人口。

我明白马克西姆为何如此受欢迎，他的人生故事和个人魅力给我留下了同样深刻的印象。世上有多少人是因为外部原因而止步不前？要么没有钱、居住的国家不对劲、遇上了危机，要么就是没受到适合的教育、太年轻、太老、缺乏创意，或是没有合适的人脉。

马克西姆告诉我们的，是人人都知道、却经常忘记的事——凡事总有解决办法。唯一不可缺少的先决条件就是——你得有看到机遇而非自我局限的能力。

当前路崎岖时 3
无论你目前处境如何，成功都是有可能实现的

多试几次

马丁·本耶格伽德

2008 年，德里克以 2200 万美元的价格卖掉了线上音乐商店 CD Baby。他受邀到 TED 大会上作演讲，诸如《连线》（*Wired*）和《君子》（*Esquire*）这样的高端杂志也报道了他。最近他出了一本畅销书《你想要的一切》（*Anything You Want*），说的是关于创业的 40 条建议。NBC 称他是"革命性地再造了音乐行业"。

这一切还不够棒，德里克还因生活得平衡而声名在外。他答应了我们的采访要求，但有个条件：以文字的形式来作访谈，这样他可以根据自己的时间来作答。或许这正是他善用时间的体现吧。我们第一批提出的问题中，有一个十分直白："你为何如此成功？"刚过了几分钟，我们就收到了回复。这个答案坦诚而明确，给我们留下了极其深刻的印象。

"运气好而已，"他说道，"我做 CD Baby 的时候，时机刚好，提供的服务也对路。我已经做了十几个企业，都没做成，不知道为什么这个做成了。"

让我惊异的是，德里克压根不知道为何 CD Baby 会成功。他甚至抵御住了诱惑，没作"马后炮"的分析总结。相反，他跟我们讲了真话。他看不出来 CD Baby 和另外十几个进了"创业公墓"的失败企业有何不同，而 CD Baby 把他捧成了创业界的超级明星，也把他变成了成千上万独立音乐人的偶像。

我在这本书前头提到的麦肯锡，是全世界最优秀的咨询公司之一，在那里聚集着一些地球上最聪明、最擅长分析的人才。最有实力的公司（甚至政府）需要帮助的时候，他们都会给麦肯锡打电话。20 世纪 90 年代末的时候，麦肯锡决定进入创业界，为初创企业作咨询。这一次他们没有按规矩收取天价费用，而是打算跟创业者一同工作，换取期权。这个决策引起了轰动，麦肯锡在世界各地开设了专门从事这项业务的分支机构，商界里不少最聪明的人才都参与了进来。可三年之后，这个项目被彻底砍掉，数百万美元付诸东流。

这个备受尊敬的咨询公司出了什么错？原因必定有很多，但最重要的一条是，他们的基本前提错了——麦肯锡以为自己能把胜者挑出来。他们以为，凭着公司的经验、做事方法和聪明人才，他们可以从成百上千的商业计划中挑出几个最有潜力、最有可能在全球范围内取得成功的苗子。可是他们错了，他们的眼光跟咱们普通人的差不了多少。就像德里克·西弗斯一样，他们也不知道哪艘船能走远，哪艘会沉没。

为什么预测哪个模式会成功这么难？答案很简单。在创业过程中存在太多未知因素了，所以预测无异于瞎猜。很多人都引用过这些例子——时任 IBM CEO 的汤姆·沃森（Tom Watson）曾对电脑的市场需求作出过一个著名的预测，他认为全球对电脑的需求超不过 5 台。麦肯锡曾认为手机是个"利基市场"。还有,谁能忘掉当年比尔·盖茨那句坚定的回答呢?1993年,有人问他微软对网络的看法,他回答说:"网络?我们对这东西不感兴趣。"**如果说像汤姆·沃森和比尔·盖茨这么聪明的人,还有像麦肯锡这样的公司都能错得这么离谱,那显然说明预测成功是多么困难啊。**

那么,如果说没有人能预测创业的结果究竟是成还是败,那最好的做法是什么?答案很简单——多试几次。多尝试几个创意,多尝试几个项目,多创业几次。买彩票的时候,只买一两张就太少了。就像德里克似的,起码要试10次,越多越好。

我读到过一个电话销售员的故事,他发现自己的成功率是5%。也就是说,每打给20个人,他能签下一单。于是他养成了一个习惯:每遭拒一次,他就会祝贺自己,因为他朝签单又迈近了一步。这人听上去有些疯狂,可他的销售业绩在公司排行第一。在获胜之前你可能要尝试不少次,当你接受这个事实之后,你就更容易用从容的心态去面对。慢慢来,享受过程。然后,每次当你发现自己处在被人"将军"的位置上,或是不得不砍掉一个项目的时候,你会发现,这不再意味着失败,而是一个宝贵的学习机会,而且你离中大奖又迈近了一步。

> *当前路崎岖时 4*
> 最要紧的就是多试几次,还要把对路的坚持做下去

永远不嫌晚

乔丹·麦尔纳

Facebook 的马克·扎克伯格和团购网的安德鲁·梅森（Andrew Mason）都在二十多岁时就成了亿万富翁。如今这个时代，企业的创始人似乎一天比一天年轻，你很容易认为，一旦人过了 35 岁，这辈子就没戏唱了。

尽管这些创业者的成功故事让人印象深刻，无疑也给人带来了巨大的压力，但他们显然都是例外。随着年岁渐长，经验日趋丰富，绝大多数企业家都在不断进步。有太多人以为，人的体能、心智和创意能力会随着年岁增长而变差，你可千万别听信这个负面信息。**做你热爱的事情，追求成功，这永远都不嫌晚。**

想在运动圈里找励志人物的话，只要看看阿迪达斯最新的海报主角就行了——年已百岁的马拉松选手法乌贾·辛格（Fauja Singh）。他 84

岁的时候,妻子和小儿子去世了,于是辛格离开印度,搬到英国去跟另一个儿子同住。为了抵住思乡之情,打发孤独与无聊,辛格在慢跑中找到了慰藉。渐渐地,他爱上了跑步,从中找到了莫大的乐趣。89岁那年,他这辈子头一回跑了马拉松。

在艺术领域,想想美国的画家安娜·玛丽·罗伯逊·摩西(Anna Mary Robertson Moses)。当她的关节炎太严重、没法绣花的时候,她拿起了画笔。那年她76岁。如今她的画作悬挂在世界各地的博物馆,白宫里也有。2006年,她的作品《槭树园里的熬糖会》卖出了120万美元。摩西奶奶101岁过世时,她完成了3600余幅画作,而且形成了一种特有的乡村风格。

还有政界的"飓风"黑兹尔·麦卡利恩(Hazel McCallion),她以90岁高龄当选加拿大米西索加(Mississauga)市长,严谨的态度为她赢得了76%的选票。

哈兰德·桑德斯上校(Colonel Harland Sanders)65岁时开创了自己的事业,把社保支票兑现了当启动资金。他把自己家的"炸鸡秘方"应用到餐厅,90岁过世时,世界知名的肯德基连锁餐厅已经开出了6000家分店,销售额超过20亿美元。而当雷·克洛克(Ray Kroc)开设第一家麦当劳加盟餐厅,从创始人手中买过公司,把它塑造成今日这个快餐业巨头的时候,他已经五十多岁了。

这样的例子各个行业都有,比比皆是。摩西奶奶、辛格、麦卡利恩、桑德斯和克洛克都是明证,在你所爱的领域内成就伟业,永远都不会太晚。所以,别再说什么最好的年华已经过去。最好的年华就是现在和将来,最适合动手去做的日子就是今天。

当前路崎岖时 5
今天就开始

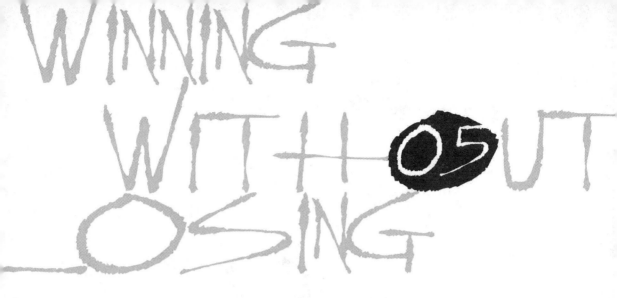

平衡，从最初的设计开始

→ 10 种方法让你从"坐等平衡"到"创造平衡"

　　打算做个真实物件的时候，我们往往会先设计。无论是想盖个车库，做个娃娃屋，还是搭一座桥，都是如此，你不会贸然上手。当然了，创业的时候我们也会先作设计，也就是作商业计划。我们会考虑商业模型、组织架构，作产品设计和营收规划。或许我们还会像前面章节里提到的那样，企图过度计划、掌控一切。但是，在设计阶段，有一个问题是极少创业者会想到的："我该怎么搭建这个公司，好让我和我的团队都能过上平衡的生活？"

　　这是个明摆着的问题，是不是？如果平衡与生活质量的关系是如此密切，那你为什么没把它一并列入企业的KPI？绝大多数创业者都很愿意这么做，可他们没有意识到，平衡是可以从一开始就"设计"出来的。以下的 10 篇文章可以帮你改变想法。

把平衡当做出发点

乔丹·麦尔纳

查德·楚奥特万的身上有种强大的感染力,能给每个见过他的人都能留下深刻的印象。跟他聊天的时候,你会觉得,你是世上的唯一。他浑身上下洋溢着自信的神采,任何情况下都如此。"要是你去问问我的朋友们,他们肯定会告诉你,我的自信程度可不低。"查德说。他对生命的热忱是显而易见的,他是一个魅力十足的人。

正如在前文中提过的,在上研究生的时候,查德跟朋友马库斯联手创办了 Veritas Prep,这对搭档赢得了很多次商业计划竞赛。而当其他人把蓝海战略作为业务重点的时候,查德关注的是执行。"我们知道自己能把公司做得更好。"如今的 Veritas,年销售额大约达到了 1500 万美元。而更让人惊异的是,由于当初查德和马库斯对公司的设计和规划,他们没拿过投资人一分钱,这意味着公司百分百是他俩的。

Veritas Prep 是个考试培训机构，课程有面对面的，也有网上的。公司的客户是希望考进名校 MBA 的学生。Veritas Prep 帮助他们高效率地学习，这样一来，学生们不用把所有的时间都花在学习上，能有空跟朋友们喝杯啤酒，同时还能考上心仪的学校。

不打理 Veritas Prep 的业务时，查德可能在戛纳或圣丹斯电影节上参加他投资的电影的首映式，或是跟朋友们待在一起，也有可能在旅行，或是忙活某个心爱的项目。他目前投资了 10 部电影，演员阵容有詹姆斯·伍兹(James Woods)、克里斯蒂娜·里奇(Christina Ricci)、文斯·沃恩(Vince Vaughn)、娜塔莉·波特曼(Natalie Portman)，跟他合作的还有世界著名的导演，比如科恩兄弟(Joel and Ethan Coen)。

最近，查德尝试制作畅销书《魔鬼经济学》(Freakonomics)的电影版，还邀请两位作者史蒂芬·列维特(Stephen D. Levitt)和史蒂芬·都伯纳(Stephen J. Dubner)共同组建了"魔鬼经济学媒体有限公司"。查德还喜欢打篮球、网球和壁球，也练武术。你可能会想，他忙成这样，想跟他见个面都得约在半年以后吧。但是，由于查德对事业和生活的预先设计，事实完全不是这样。

"在我们这群朋友里头，我总是有空的那一个。要是有人说，谁想去伦敦或哥斯达黎加，只有下周，过期不候啊，那我肯定去得了。"他面上浮起一丝微笑，令我觉得，他正在回味上一次的冒险经历。

如果你以为查德这么有闲，是因为仰仗别人出力干活，那你就错啦。查德不是那种让搭档不眠不休工作，自己却两手一摊去玩乐的人。事实刚好相反。他的搭档马库斯·莫伯格经常一周工作三天，把大部分空闲时间都拿来旅行。上两次我们跟马库斯作访谈的时候，他都刚旅行回来，一次是南非，一次是去日本滑雪。马库斯生在瑞典，在挪威长大。查德说服他创业的时候，他正要去华尔街工作。

创建 Veritas 的想法很简单,做法也很聪明。查德和马库斯把竞争对手验证过的、行之有效的商业模式拿过来,作了一些微调,让自己更有竞争力,然后完美无缺地执行。他们在质量和数量上下工夫,课程时间是竞争对手的一倍,而所有的老师都亲自参加过所授科目考试并且取得超高的分数。为了控制成本,Veritas 跟大学展开合作,使用校园里的教学楼,不必在市内付高额房租。这样一来,Veritas 有了极好的场地,学生们上课特别方便,而大学也给学生们提供了优质的课外服务。双赢。

查德说,他之所以能事业成功,同时还能有时间和精力来享受成果,是因为他们不折不扣地按照最初的愿景来做,绝不退而求其次。

"打算创立 Veritas 的那一刻起,我们就考虑了事业与生活的平衡。"查德这样说,"在选择商业机会的时候,有许多变量要考虑,你得确保它们跟你想要的东西是匹配的。我们做 Veritas 的时候就想好了,就是要把它做成一个能自行运转、逐步发展壮大的公司。对于想要什么,马库斯和我都非常清楚。我们想要做一个极为成功的企业,它有趣、高效,可以网聚优秀的人才,像钟表一样自行精准运转,产生高额利润,而且让我们有休息时间,也能把时间花在热爱的事情上。我可不想给自己打造一座牢笼。"

但我们创业的时候往往是这么干的:选择一个严重限制了自由的事情,就着手做起来,从来不曾多想。查德和马库斯提醒我们,在评估和规划的阶段,就应该把平衡和幸福感考虑进去。

平衡,从最初的设计开始 1
选择能让你过上平衡生活的商业模式

做足准备

马丁·本耶格伽德

　　哪种事情你做得比大多数人好？游泳、做菜，还是打桥牌？你很可能生来就有某种天赋，但除非你有超能力，否则要想成功的话，你必须得多练习。

　　做企业也是一样，你必须要练习，必须要作足准备。

　　Fullrate 荣获丹麦 2009 年度成功典范，这家公司的 5 位创始人是我所见过的准备最充足的创业者。他们之前效力的公司是市场上的领军，而在新创企业中要做的事情，跟他们之前的工作几乎一模一样。这几个人白手起家，创立了一家宽带公司。

　　把时间倒回到 2005 年，一家名叫数字城市(Cyber City)的公司占据了丹麦宽带服务市场上的头把交椅，公司的最高管理层安于现状，觉得采用新技术没有任何必要。因此，彼得、斯蒂格、哈克坦、尼古拉和卡斯帕头也不回地离开了公司。

随后他们创立了 Fullrate，为客户提供便宜的宽带服务，公司发展势头极为迅猛。三年之后，公司以 7500 万美元的售价，卖给了丹麦最大的电信运营商 TDC。

回头看看，他们的命运仿佛早已注定。在数字城市的时候，哈克坦负责搭建 IT 系统，彼得是做销售的，尼古拉打理财务，斯蒂格作战略规划，而卡斯帕是技术行家。

这支团队中，所有重要模块都齐了。他们相互信任，做的事情跟前些年一样，只不过更加便宜，也更加高效。

为下一个创业项目作准备，不一定非得耗时多年。英国电视创业节目《龙穴》(*Dragons Den*) 里的名人、著名创业人士彼得·琼斯 (Peter Jones) 在他的《大亨》(*Tycoon*) 一书中写道，他 19 岁前后曾在好几家电脑公司里工作过几年，先后换了不同的职位，为的是在创业之前尽可能地学习行业知识。

他的计划见效了，他以打破纪录的速度，创建了一家成功的企业。

想获得成功，你用不着非得当个行业专家不可。准备期太长的话，反而会限制你的行动力和创意。但是，无论你以后想做宽带服务还是电脑生意，或是其他完全不同的东西，花上一两年时间去吸收知识是个好办法。

平衡，从最初的设计开始 2
想办法作好技能储备，为创业打好基础

三八法则

乔丹·麦尔纳

有人说，人生是不公平的。在很多情况下这话很对，但有件事例外。不管你生于何地、上的哪所学校、父母是谁、最爱吃的冰淇淋是什么口味，你的一天都是 24 小时，人人都一样。掰指头算算，24 小时。

咱们来看看米奇·索尔。无论从哪方面来看，米奇都算得上人中翘楚，而且他真可谓是不错过生命中的任何精彩。他身兼数职，作家、金融家、创业家、铁人三项运动员，也是铁人三项世锦赛中唯一一个身兼摄影记者的选手，在参赛的同时对比赛进行拍照和录影。

如果你不熟悉铁人三项，我们来简要地看一看，这项赛事绝对是耐力赛的巅峰挑战。它考验人的体能和意志力，能把人累到趴下，绝大多数三项全能选手都把它视作职业生涯的顶峰。在铁人三项比赛中，选手们要有足够的勇气游完 2.4 英里（3.86 千米），紧接着骑上自行车，完成

112 英里(180.25 千米)的比赛,这还不够,选手们还要再跑一个马拉松(26 英里 385 码,也就是 42.195 千米)。要参加这些训练,真得有吃苦精神才行,而且往往要在其他方面付出巨大代价。

"有人放弃了工作、车子、家庭,最终还搭上了其他珍贵的东西,只为跟 1600 名最亲密的三项全能战友们一同站在凯卢阿湾(Kailua Bay)的浅滩上整装待发。我见过这样的人。但我也见过因铁人赛而工作得更出色、把人际关系变得更牢固的人。"米奇这样说。我们初步感觉到了他的信念。

在商界,米奇同样成就卓著。他是个高产的创业者,连续创办了多家企业,还跟人合办了好几个跟体育运动相关的成功企业,其中之一就是活跃网络(The Active Network),这家公司已经发展成为线上运动项目注册与支付的国际标准,每年处理的交易数量超过 7000 万笔。借助投资公司 Thrower Ventures,米奇还投资了十几家蓬勃发展中的初创企业和项目。

这样看来,米奇肯定得把所有的时间和精力都花在运动和企业经营上了吧?

并非如此。他还有时间回报社会,积极参与慈善和社会公益方面的事务。他担任拉荷亚基金会的主席,旗下的非营利项目为遭受战争创伤的地区提供金融、咨询、体育和教育方面的扶持和帮助。他们最近的行动是为阿富汗、海地和伊拉克地区的儿童送去足球和运动衫。

米奇还是个积极的作家,他写出了《专注力缺失的职场》(The Attention Deficit Workplace),同时还在《三项全能杂志》(Triathlete)和《圣地亚哥商业杂志》(BizSanDiego)上开设专栏。

米奇是怎么做到这些的?太多人都会觉得这简直不可思议,而他是如何完成的?米奇创建了价值百万美元的企业,把体能保持在巅峰状态，著书立说，帮助贫困的孩子们，而一天下来，他的脸上还挂着笑容。

他的秘诀之一是简单的时间管理原则，是他从一位叫斯科特·廷利（Schott Tinley）的人身上学到的。廷利是个作家、教师，参加过两次夏威夷铁人三项锦标赛。在 20 世纪 80 年代的铁人三项运动界，他的名字如雷贯耳，后来他入选了铁人三项的名人堂。

米奇告诉我们，斯科特·廷利说过的一句话令他终生难忘：'每天你有 8 个小时用来工作，8 个小时睡觉，极少有人能睡满 8 个小时。减去这些，你还剩下 8 个小时留给自己。'他是按照这个 8－8－8 制生活的，一想明白了这个道理，我就激动地设想着，对于一个全心投入的人来说，这个法则每天带来了多少可能性啊。**你只需要管好属于自己的 8 小时，别被那些狡猾的、浪费时间的事情分心就行了。"**

所以，当你看着那么多想做的事情，却感到力不从心的时候，请想想看，每个人的一天都只有 24 小时，米奇·索尔、爱因斯坦、洛克菲勒、奥普拉、理查德·布兰森，还有你。聪明地运用时间吧，它比你想象中要多。

> *平衡，从最初的设计开始 3*
> 把一天拆分成几个模块，别让工作把它们全占满

提前做好备用计划

乔丹·麦尔纳

你是伦敦希斯罗国际机场的航空调度员。这里是全球第二繁忙的机场，是绝大多数国际航班的中转站。一大早醒来，你发现外面正肆虐着一场数年未遇的暴风雪。

顷刻间，所有的航班都取消了，数千架飞机滞留在那里。电话开始涌入，损失越来越严重。就像堤坝溃决了似的，浪头劈头盖脸地砸下来。

你是个创业者，正在跟一家大公司谈合作，方案今天早晨就要做好。你起身去吃点东西，回到笔记本电脑前却发现，两岁的宝宝把牛奶全洒在了电脑上头。

你该怎么办？

如果你的系统崩溃了，你会怎么做？许多人会为"我认为会发生的事"作好准备，这与为了"我担心会发生的事"作预案，完全是两回事。它有可能很简单，比如只是给文档备个份。有了这个动作，意味着你离灾难又远了一步。把这件事情做好，不仅能助你事业成功，还能为你缓解压力、节省时间。

史蒂沃·罗宾斯亲自创过业，做过商业教练和工程师，这些经验让他充分理解了备用系统的重要性。直到今天，无论是在他自己执掌的企业中，还是聘请他当教练的客户公司里，他都主张预先建好备用系统。

"万一你的服务系统崩溃了，你却不知道如何恢复，那就好比你在自己身上描了个大大的红色靶心。到最后，这会导致你不得不承担更多工作，打破生活的平衡。"史蒂沃说。

史蒂沃为许多高成长企业的高管们作咨询和指导。他经常遇见那种十分聪明的创业者，把方方面面都考虑得很周全，却唯独没做备用方案。

"最近我在辅导一位创业者，他正准备筹钱。我问他，要是资金没有筹到，打算怎么办。他说他从没考虑过这个，他没有 B 计划。我的回应是，这事不是你能控制的，并不是世上的每个企业在创立伊始都得融到几百万美元不可。你可以借助卖方融资、招募志愿者或是用股权来交换资金，解决办法多的是，可是要是你非得等到财务状况一团糟了，再决定下一步该怎么走，那我只能说这太蠢啦。"史蒂沃说道。

"想要拥有平衡的人生，那你的生活应当是预料得到的，这样你才能把平衡的因素加进来。可人生没法预料，除非你搭建一个弹性合理的系统，而且做好备用计划，万一这件事不成，另一件还可以顶上。"他接着说。

或许你已经实施了必需的手段来保护你的企业，但史蒂沃又往前多走了一步，他会跳摇摆舞、表演即兴喜剧、催眠，他甚至说，就连僵尸也得有备用计划。

"我在一出戏里演僵尸，昨天晚上我的裤子破了。舞台上用的道具血液特别黏，有一幕剧情是我从舞台上的柱子后头爬过去，好过一会儿猛地跳起来吓唬人。我正爬过去的时候，舞台上黏糊糊的假血沾在了我的裤子上，把裤腿扯破了。要是我没穿内衣的话，那场面可就少儿不宜了。所以今晚我就多带了一条裤子！我希望裤子扯破吗？不，可现在我有了备用计划，万一出了问题，我已经作好了应对的准备。"史蒂沃说道。

如果事情没能按计划发展，但你早已有了必需的后备计划，那么本来有可能失败的事情，只需采用 B 计划就能应对过去。僵局变成了新路。世上总有你没法掌控的事情，但借助预防措施，你可以控制这些事情对企业造成的影响，即便是在逆境中，你也能控制住局面，把平衡维持住。

平衡，从最初的设计开始 4
想在前头，保护未来的平衡

别宅在屋里，多出去走走

乔丹·麦尔纳

　　总是待在室内是有危害的。我们并不是成心整天待着不动，也没有故意要困在室内。可是，我们会在办公室里待好长时间，然后钻进车子开车回家，把绝大多数时间都耗在人类制造出来的空间里。从前人们的生活可不是这样，我们也不大清楚为何会沦落至此。我还没碰见过有谁热爱这种生活方式，可绝大多数人都这样过日子。平均而论，美国人把90％的时间都花在室内。对绝大多数创业者来说，这个百分比还要高些。

　　当我们打破常规思考的时候，新颖的好主意会蹦出来；当我们迈步走到室外，充满惊喜的人生会展开。一边是人工制造的灯光和窒闷的空气，一边是自然光、大自然的气息和新鲜的空气，你更喜欢哪一边？上回你拿出一分钟，抬头仰望天空，是什么时候的事？别急着一从办公室出来就钻进火车或汽车，请你有意识地留出一点时间，享受一下户外，好吗？刚开始你可能会感到有些做作，但你一定会收获惊喜。待在户外对人的身体有好处，这是早已证实了的。阳光给予我们急需的维他命D，适量的维他命D能够预防癌症和骨骼疾病，控制胰岛素水平。阳光还让我们的大脑分泌天然的荷尔蒙，这些激素能唤醒我们，让我们更加清醒。哪怕只在户外待一小会儿，也对人的生理节奏有好处，还有助于瘦身。夏季的时候，这些效应会变得更明显，因为空气中的负离子增多了。实验证明，这东西能够振奋人的情绪。

到户外走走只有短期的好处吗？不是的。研究表明，置身大自然能在长期上缓解人的压力和疲劳。户外活动对人的心理也有深远的影响，找时间走出门去，这可以轻松地实现。每周有三天在室外吃午餐，到室外去开会，走路上班，到屋外去接听手机，花几分钟到外头去尽情活动活动胳膊腿，好好享受一下阳光。户外活动会给你带来丰沛和新鲜的感受，这不仅能让精神为之一振，还能拓宽胸怀——大自然会提醒你，外头的世界大得很。要是你没时间来一次户外探险，那么至少走出门去待一会儿，呼吸新鲜的空气。说真的，放下这本书，到外头走走吧，两分钟也好。

> **平衡，从最初的设计开始5**
> 经常沐浴在新鲜空气中

挑你最喜欢的地方生活

乔丹·麦尔纳

对于许多行业来说，特别是地产业和零售业，生意地点就是王道。但在过去十年间，形势已经发生了变化，对于大部分创业者来说，这条"真理"不再那么正确了。

当然了，不少野心勃勃的创业者的确感到一种推力，特别希望搬到某个商业之都去，因为他们受到一个想法的感染——在那种地方，而且只有在那种地方，他们才能找到把生意做大的灵感、资金和人脉。可现在的实际情况是，想要收获第一桶金的话，我们用不着搬到硅谷、纽约、伦敦或东京。一度正确的规则如今不再适用了，搬到商业中心固然好得很，只要你确定你会喜欢那种生活就行。可是，只为了在商界有所成就，你不必非得牺牲家庭和住地不可，这不再是必要条件了。

这些经典的商业中心自有它们的好处，但同时也存在许多弊端。从理论上来说，在硅谷创建一家网络公司的话，你的确更容易见到高端投资人，可这种地方的竞争也更激烈。想在纽约找个办公室？当然，你会离优质而活跃的人才库更近些，可你也要为此付出额外的费用。成功的企业从无名的城市起步，这种例子数不胜数。

印第安纳州的 Corydon、夏威夷的 Haiku、乔治亚州的 Pendergrass 就张开双臂欢迎了美国增长最快的三家私人企业——网上家电零售商 Appliance Zone、光电电池生产商 Rising Sun 以及冷冻食品包装公司 Signature Foods。比起以往任何时候，今天的人们更加有可能在自己选择的驻地开展工作。

Threadless 的创始人杰克·尼克尔（Jake Nickell）就很清楚自己想寻找什么样的城市。在选择居住地的时候，他大胆地把家庭需要和自己对单板滑雪的热爱放在了首位，与此同时，他还运营着一家突破性创新的企业。

杰克是个快活的人。头一眼看上去，他更像是个年轻小伙，而不是身经百战的 CEO，他的模样就是他生活方式的如实反映。他身材精瘦，顶着一头乱糟糟的金发，不太爱说话，待人彬彬有礼，但他说起话来十分直白，没有一丁点儿藏着掖着的。

一般来说，杰克每天的工作时间不到 8 小时，他跟太太和年幼的女儿住在科罗拉多州的博尔德（Boulder），这个城市因活跃的生活方式和精彩的户外活动而著称。

他酷爱户外运动，喜欢新鲜的空气，以及博尔德所有的一切。如果你在下午晚些时分拜访他的办公室，没准你会看见杰克正踩在滑雪板上，沿着山坡上的雪道来个漂亮的转弯。家庭对他十分重要，因此他为自己创造了一种生活方式，让自己能轻松地满足家庭的需要。

这事并不像听起来那么难。杰克是从芝加哥（Threadless 的大本营）搬到博尔德的，因为他喜欢这里的生活方式，也希望把家安在这儿。对于一个运营着价值数百万美元企业的人来说，这动静可不算小。他把很多快乐归功于这次搬迁，他可以在一个趣味盎然又安全的环境中养家育儿，还能离雪道和山坡那么近。

他为自己创造了一个如此理想的生活方式，这究竟是怎么做到的？杰克是个绝佳的例子，他运用身边的一切工具，来顺利地管理远在异地的公司。

尽管如今的博尔德已经声名在外，成为一个创业中心，但杰克早在它兴起之前就搬来了。如今他的存在成了这场兴起的一部分，为这座城市的创业风潮推波助澜。

活跃网络的联合创始人米奇·索尔也懂得住在心爱之地的重要性。"想拥有平衡与幸福，有个关键点就是找到自己真心喜欢的地方，去那里工作和生活。我选择了加州的拉荷亚（La Jolla），在这里展开事业。"米奇告诉我们。

在米奇看来，住在一个天气明媚、交通便利的地方，这是最要紧的。"此地如同天堂，你知道外头一直都风和日丽，随时可以训练，工作时间也很灵活，这真是太棒了。"

挑选居住地的时候，你要考虑全局。无论在哪里，你都可以创立成功的企业。因此在决策之前，你要想清楚自己看重哪些因素，生活和事业都要考虑进来。或许你认为跟朋友和家人待在一起最重要？或许你希望身处在某种特定的文化氛围中？或许让你最开心的是可以参加你喜欢的活动？你应该考虑哪个地方最适合你，而不是住在一个你认为"应该住"的地方。

丹麦创业者迈克尔·鲍德卡（Michael Bodekaer）把这种渴望推向了一个新层次。在很多地方居住过之后，他选定了巴厘岛，认为这里是最符合他需求的地方——阳光，风筝，冲浪，还有探险。把家搬过来之后，他希望其他的创业者也能尝到相同的滋味。

没过多久，"休假计划"诞生了。10~20 名创业者组成团队，享受一个为期六周的短暂假期，聚在一起找找乐子，同时也可以坐在海边长椅上喝着热带风情的饮料，惬意地构思自己的创业计划。

你或许会认为，住在海滨，迈克尔的工作效率大概会下降吧。但事实并非如此。他和休假计划项目的同事们不但创立了好几个新公司，还跟印尼当地的商人们建立了新的合作伙伴关系。

杰克、米奇和迈克尔这几位是典型的例证，他们的故事告诉我们，在成功创业的过程中，你可以灵活地选择地点。所以，如果你一直想住在某个地方，却认为公司在那里可能做不起来，再考虑考虑吧。住在一个让你活力满满、开心快乐的地方，这对事业也有好处。

平衡，从最初的设计开始 6
住在一个让你精力充沛的地方

广撒网

马丁·本耶格伽德

　　本书开篇短文就是"找到创业好搭档",文中建议大家去寻找优质搭档,而不是单打独斗。只要跟人谈创业,我就会提到这一点,可我经常得到的回答是:"组建一支合适的团队,日复一日地顺畅运转下去,这实在太难了,多给我讲讲怎么做吧。"这篇文章以及后面的两篇,谈的都是创业伙伴的话题。我们越来越相信,这是最重要的因素。

　　设想一下,一周之后你要创立一个新公司。列出一份潜在创业伙伴的名单,你信任这些人,跟他们有共同的价值观,而且他们拥有合适的能力。你有信心说服他们离开现在的工作,跟你合伙创业。

　　你这份名单上有多少人?

　　对于维基百科、Facebook 和推特来说,当用户数量达到足够数目时,网站就变得既有趣又有用了,这就叫做临界数量。对于寻找创业伙伴来说,当你找到足够多合格的候选人,能够组建起一支制胜团队的时候,你就突破了临界数量。30个人的名单比3个人的强,如果你想找到哪怕一两个人,你的名单上起码要有10个人才行。这种事的命中率往往跟推销杂志订阅差不多,你得打很多电话才能成功一次。

如果你现在单身,想找个女朋友或男朋友,你会做些什么来提高成功率?你得经常出门去,参加派对,开个网上交友账户,对你中意的人展露笑颜,聊天,互动。找创业搭档也是一样。只不过你可能得把派对换成社交聚会,把网上交友换成博客和论坛,眼睛里的火花要换成坚定有力的握手,把笑容调整一下,从神秘莫测变成值得信任。可说到底,你得走出门去找。

即便是羞涩内向的人,也能找到意中人。正如上天为每个人都预备了一个终身伴侣一样,每个创业者都能找到创业伙伴。只需把你平时用来找爱人的时间拿出10%,你就能找到合适的候选人,说出这句话:"你愿意跟我一起创业吗?"

如果你抽不出时间,害怕被拒绝,或是发现自己在采取拖延战术,那就想想这一点,给自己鼓劲加油——合适的创业搭档是制胜的关键。金钱上的丰足,以及有自由享受金钱的好处,或许比不上一个充满爱的家庭,但它依然值得你去认真追求。

平衡,从最初的设计开始7
确保你有足够的人选,招募到完美的创业伙伴

寻找未来的朋友

马丁·本耶格伽德

全世界所有人里，你最愿意跟谁待在一起？谁能让你重振神采，带出你最美好的一面，赢得你无条件的信任？是朋友和家人，对吗？

在初创企业里，哪些东西重要？精力、信任，还有朝着共同目标一起努力的愿景。不能从潜在的朋友圈子里选择未来的同事，真是可惜。

工作团队里的人际关系必须严格限定在公事范围内。当然了，你可以友善地对待他们，但这跟个人生活完全是两码事。这想法对吗？不对。我们采访的许多榜样人物都证明了这一点——用你选朋友的标准来挑选创业搭档，这是个非常高效的工作方式。

在创业阶段，你是非常幸运的，因为你拥有独一无二的机会，许多人对它都梦寐以求——你可以挑选同事。就算你建立了一个高效运作的公司，你也要跟创业伙伴们共度不少时间，这个时段应该也是愉悦的。

这是不是说，你应该在密友和家人中挑选创业伙伴？大概不行，因为万一事情出了岔子，你失去的就太多了。但你可以从最接近的人群里挑"你未来的朋友们"，就算你们没有同一个项目要做，你也愿意跟他们待在一起。

如果你的团队成员都真心喜欢彼此，那么你们能开开心心工作的概率就高得多了。同样，分歧和尴尬的局面也会减少，这些东西可是会演化成冲突的，而且会浪费掉宝贵的时间和精力。

Veritas Prep 的查德和马库斯在私底下是朋友。他俩喜欢待在一起，有共同的兴趣爱好，互相鼓舞，就像我们在 Rainmaking 一样。好处是显而易见的，我们就像十几岁的小孩一样，互相发邮件，发短信，亲切地称呼对方。可我们讨论的不是贾斯汀·比伯（Justin Bieber）的最新发型，而是探讨公司里的挑战和机会，以及平时在工作中发生的事。我们一起跑步，一起旅行，分享一切事情。我们之间形成了一种不寻常的信任，并且一直维持下去。毫无疑问，这是我们公司中最重要的资产。

就像斯蒂芬·柯维二世（Stephen Covey Junior）在他的畅销书《信任的速度》（*The Speed of Trust*）里讲的那样："每一段关系，每一次沟通，每一个工作项目，每一家企业，我们付出的每一项努力，信任都是基础，并且会影响到它们的质量。信任的速度比任何东西都快，没有信任，即便是策划得最周密的行动也会落败。"

所以，去寻找你未来的朋友吧，把他们变成你的事业伙伴。不仅你的事业会发展得更好，而且我敢跟你保证，比起那些每天跟自己不喜欢的创业伙伴混在一起的"倒霉蛋"，你面前的路会平顺许多，走起来也会开心得多。

平衡，从最初的设计开始 8
选择你真心喜欢的创业伙伴

投入全副精力

马丁·本耶格伽德

我们有个为期三个月的创业加速器项目 Startup Bootcamp，当我们请申请者讲讲创业团队的时候，经常能得到这样的回答："本和我是全职的，詹妮兼职给我们帮忙，等我们拿到投资，她就可以辞职过来了"。

詹妮这样做自然有她的道理，有房租要交，要养家糊口。你可以这么说，她无偿地为一个初创企业工作，这真是令人敬佩，只是要趁她有空，或是……

当创始人团队中有人尚未投入全副精力的时候，整支团队的战斗力就被削弱了。对有些人来说，这个项目"生死攸关"，可对另一些人来说，它只是个挺有趣的副业，完全可以甩手不干，除了赔上几晚上的时间以外，搭进去的成本也不算太多。当然了，付出的不均衡可以通过股票期权来体现，但这并不能让团队变得更紧密或更高效。只要队伍里有人没有押上全副精力，那谁也得不到平衡的生活。

詹妮之所以能成为创始人之一，必定是有原因的。她肯定拥有新公司需要的核心技能，要是詹妮能在一天内最高产的时段里跟其他创业搭档们并肩奋战，她的能力就会充分发挥出来。可是，如果她只是在晚上或周末工作，那这些技能充其量只是个模糊的影子。

比错过关键工作时段更重要的是，这种局面会在团队成员之间造成心态上的距离。靠兼职来运作的初创企业很难走上正轨，若是没有全心承诺，要发展起来几乎不可能。

当然了，妥协折中是在所难免的。但你一定要给它加上一个尽可能短的期限。创立 Rainmaking 的时候，我们三个人从第一天起就许下承诺，要全身心来做这件事，而第四个合伙人莫顿·B（Morten B）需要三个月的时间，从原来的工作里妥善地离开。从一开始，我们就谈好了，这样做可以，但仅限三个月。除了时间问题之外，全职工作也是无条件的。没有哪条规矩说，要等到资金到位，或是积累起一定数量的客户，才去完成产品。莫顿自己最明白不过，他应当跟我们几个人承担同样的风险，不带任何附加条件。

尽管莫顿身兼二职的日子只有短短几个月，可在他告别律所之前，他累得静态心率达到了 92。身为一个 29 岁、一周锻炼五次的年轻人，莫顿没觉得健康问题有什么大不了。可医生的话很明确——你得歇歇了。幸运的是，自打两份工作减为一份的那天起，他的心率就回到了正常水平。

同样，从第一天起，我们这个创业团队还立下了一条重要规矩：除了 Rainmaking 之外，不再寻觅其他的商业机会。我们这么做不是为了拖彼此的后腿，而是为了确保每一个人都能始终百分百地朝着同一个目标努力，操一样多的心，共同分享起起落落，在合作关系中做到完全平等。

作为一名创业者，获得平衡的人生其实比你想象中容易，但你必须先把某些非常基本的事情做对。比如你要确保创始人团队不但拥有全部必需的技能，还要每个人都全身心地投入到工作当中，好让这些素质和能力充分持续地发挥出来。

可是，房租怎么办？没错，从雇员到创业者，这个转型是很困难的。但是，你得愿意考虑一些"激进"的做法，比如卖掉大房子，搬到小一点的公寓里住；从父母那儿借点钱，千万要当心，万一这钱打了水漂，他们也负担得起，只有这样你才能借；把全年的度假预算省下来，改成骑自行车出去玩；或是拿你的车换来半年的免费住宿。不管你用什么方法，把心理空间释放出来，推动你的公司起飞。

打牌的时候，把全副身家都"押上"是很危险的事。可在创业中，这是唯一一件理性的、你该做的事。

> 平衡，从最初的设计开始 9
> 确保你自己（还有创业伙伴）全身心投入

保持简洁

乔丹·麦尔纳

小球掉落下来,撞到了一根杠杆,杠杆转动了轮子,碰倒了一块多米诺骨牌,随后一连串骨牌应然倒下。最后一块骨牌掉到了天平的一端,天平倾斜,一头抬升,碰到了电灯开关。任务完成。

这一连串的动作就是典型的鲁比·戈德堡(Rube Goldberg)机械,如果你生活在英国,那就是插画家希思·罗宾逊(Heath Robinson)的作品。这种家喻户晓的机械装置极为复杂,带点滑稽的意味,可干的只是随处可见的简单小事。鲁比和希思的装置,以及他们启发出来的想法,可能只是极端的例子,但有不少企业走得跌跌撞撞,因为他们的产品和服务过于复杂,不是客户想要的东西。

你有没有想过,为什么当你看到一个超级成功的妙点子的时候,常常听见自己这样说:"这东西我也能想出来?"看到 eBay、亚马逊、戴尔、维基百科、推特的时候,许多人都是这么想的。这样的公司还能列出许多。很大一部分原因在于,说到底,这些创意都十分简洁。那么,为何有那么多公司走偏了方向?事情是如何发展成这么复杂的?一个可能的原因是,聪明反被聪明误。

有一家栽进这个陷阱的公司就是 Boo.com。Boo 是一家高端的英国网络公司,在 20 世纪 90 年代末初露头角,最终在 1999 年秋天开始大规模地扩展。它是一家网络服装零售商,核心团队是三个瑞典人:欧内斯特·马尔姆斯滕(Ernst Malmsten)、卡萨·林德尔(Kajsa Leander)和帕特里克·海德林(Patrik Hedelin)。这家公司挟着 1.35 亿美元的风险投资,势如破竹地发展起来,却在 2000 年 5 月 18 日进入了破产管理程序。从创立到清算,只有短短的 18 个月。毫无疑问,公司倒闭的部分原因要归结到经济形势上,但还有一个重要的因素起了作用——它很复杂,不够简洁。

创始人团队本来打算花掉 4000 万美元,雇 30 名员工,在 3 个月内问世。可计划很快就变了,Boo 请来了各方面的专家来设计战略,等到产品推出的时候,他们已经迟了好几个月,精简的团队也暴涨到了 400人。那个时候,他们花掉的钱已有最初投资的 4 倍之多。这个网站使用了先进的 flash 技术,要花好几分钟才能显示出来,用户等得一肚子火。除此之外,还有花里胡哨的虚拟人物带领用户在网页上购物。他们一毛钱还没赚到,就先把这些给做了。事情变得太复杂了。

现在咱们来听一个截然不同的故事。加拿大温哥华一间只有一个卧室的小公寓里,一个 24 岁的小伙正坐在电脑前,他在学编程语言。认真考虑过一番之后,他决定做个简单的交友网站。他建起的这个网站只有基本的骨架结构,没有任何花哨装饰,只有必不可少的功能,他学的编程刚够用,网站也刚能运转起来。网站很快就推出了,用户蜂拥而至。

这位 24 岁的小伙子在网站上加了几条简单的横幅广告和一个网络营销系统来赚钱。他让这个网站在很大程度上可以自我维护,每周只需 10～20 小时来打理它。他靠在椅背上任钱自动流进来,只有当他发现更直截了当的办法来解决问题时,他才动手作些改动。

这个年轻人的名字叫做马库斯·弗林德(Markus Frind),他的公司名叫 Plenty of Fish. com。根据 Compete. com 的统计数据,单是 2011 年 2 月一个月,访问量就有 5300 万,在加拿大和英国,它都是排名第一的交友网站。从财务表现上看,这个网站生机勃勃,每年的营收估计超过了 1000 万美元。或许最让人震惊的是,自打它成立以来,绝大多数时间都是马库斯一个人在做事,如今员工人数也只有寥寥数个。更让人惊愕的是这个事实:尽管大多数时间都是马库斯独自打理生意,网站也只有最基本的功能,使用最简单的盈利手法,但马库斯这个网站的表现超过了那些雇员数百、有大量预算的公司。这家公司还在蓬勃发展之中,最近还在 Lady Gaga 的音乐录影带里露了把脸,成了流行文化的一份子。

他是怎么做到的?让一切保持简洁。找到一个可行的办法之后,他就放手,用他能做到的、最简洁的方式来帮助用户。**他发现了一个道理:简洁等于高效。**

沿着太平洋海岸往南走几个小时,穿过美国的国境线,那里住着一个叫克雷格·纽马克(Craig Newmark)的人。Plenty of Fish 问世的八年前,一个类似的故事上演了。当时克雷格刚搬到旧金山没多久,想做一个社交活动信息网站。所以他做了一份简单的邮件列表,分享一些有趣的活动。很快,其他人开始参与进来,给这个列表增添内容。它的类别开始增多,变得越来越长,订阅用户不断增加。用户问克雷格,能不能做个网站来代替这份邮件列表。由于他的兴趣就是帮助别人,所以他提供了大家想要的东西：一个简单的网站，列出了活动信息、招聘信息和其他几类事情。旧金山日落区一间朴素公寓里做出的东西，迅速变成了全球最轰动的网络现象之一——Craigslist。

根据 Alexa.com 的统计数据，现在 Craigslist 每月的页面访问量达到 200 亿，在美国最受欢迎的网站中排名第 10，全球排名第 37。它的服务延伸到 50 个国家，570 个城市。尽管它不是一个正式的营利组织，但它的营收已经攀升到 1.5 亿美元以上。这一切的背后，只有区区 32 名员工。

这样子的网站想必相当先进吧，有最新的技术和最潮的设计？远非如此。Craigslist 是商业世界中的异数。自打诞生以来，它至简的页面设计就从来没变过，也称得上是最简单的网站了。

因此，做事之前，请先选择简洁。做简单的事，不仅是因为简单的事情容易完成，也因为这样往往更高效。下回你按捺不住，想显摆聪明的时候，去做做数独，或是注册一门讲哲学的夜间课程吧，别把这种想法带进工作里，回去继续干活，简简单单地帮助客户就好。

平衡，从最初的设计开始 10
简洁的产品、简洁的公司、简洁的想法

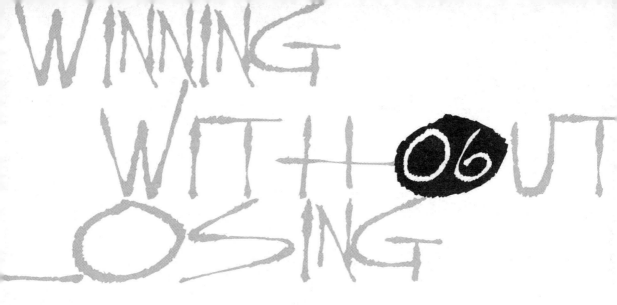

刷新心态

→ 10 个打造优质生活的观点

人的心灵是个强大的工具。如果你相信自己能达到目标,那你很可能是对的。不过话说回来,你觉得自己肯定做不成,嗯,那你也是对的。

为了实现序言中描述的"两全其美"的状态,我们得换上正确的心态才行。我们要弃绝恐惧和担忧,担忧错过机会,担忧自己做得不够好。这些焦虑的情绪一点好处都没有,只会吸干我们的活力。相反,让我们试着去发现事物好的一面,作好安排,让生活中充满尽可能多的"心流时刻",并且用更放松、更积极的眼光看待"自律"。在后文中我们会一一详细说明。要相信自己做得到,同时能够拥有平衡的人生和成功的事业。接下来的 10 篇短文会告诉你,如何把心态调整到最佳状态。

> "如果你能梦想到,你就做得到。"
> ——沃尔特·迪斯尼

想做就做，别再推迟

乔丹·麦尔纳

"一完成这一轮融资，我就带她去剧院看戏。赶在下周的最后期限之前交上申请表，我就重新开始健身计划。今年事情的确有点乱糟糟的，但明年就会好了，现在我就埋头做事，把它干完。等到公司卖掉，这一切就都有回报了，之后我就拿出时间来享受人生。等到退休之后，我就会多出去度假。"

这话听起来很熟悉，是不是？

在不同的人看来，"延迟满足"可能有不同的含义，但它的本质概念就是，你放弃了当下你想做的事情，把它们推迟，以后再做。

不要过这种"推迟式"的日子，过程也应该是快乐、愉悦的。你把真心想做的事情推迟得越久，你期望中的回报就越大。要是你把整个二十多岁或三十多岁的时光全都牺牲了，那你预期的回报必然巨大无比。推迟式的人生会积累怨怼，怨恨的情绪未必在今天爆发出来，也未必是在明天，但总有一天它会决堤。

兰迪·科米萨（Randy Komisar）是风投公司 KPCB（Kleiner Perkins Caufield & Byers）的合伙人。这个风投界的重磅角色坐落在硅谷著名的沙丘路上，它帮助打造了亚马逊、谷歌、财捷（Intuit）和基因泰克（Genentech）这样的公司，可谓是当今最有权势的风险投资基金之一。最近他们还与世代投资公司（Generation Investment）达成合作意向，后者是阿尔·戈尔（Al Gore）率领的绿色投资基金。每天都有不计其数的创业者渴望得到他们的青睐，希望自己有机会得到最雄厚、最优秀的风投的支持。

兰迪在斯坦福大学的讲话，是我迄今为止听到过的、关于延迟式人生最为精辟的见解：你把现在真心想做的事情往后推，是因为你觉得，你得把别人希望你做的事情先做完。不要过延迟式的人生，并不是说人可以不尽职尽责，或是不努力工作。这是两个完全不同的概念。你应该理解的是，你推迟的是自己的激情，是让你兴奋的事，是你的热忱。你应该把自己要做的事跟自己最热爱的东西结合起来。

在他的著作《僧侣与谜语》（*The Monk and The Riddle*）中，兰迪把经典的延迟式人生压缩成了两个阶段。他解释道："第一阶段，做你不得不做的事。接下来，做你自己想做的事。可这个计划的毛病在于，少数有幸能熬过第一阶段、走到第二阶段的人，往往已经忘了自己真正想做什么了。"

接下来，兰迪区分了动力和激情，"激情是一种拉力，把你拉向某件你无法拒绝的事情。而动力是一种推力，把你推向某件你感到不得不做或有义务去做的事"。

兰迪跟我们讲了他自己恍然觉醒的时刻。经过了多年的灵修和自省之后，他才得到这样的领悟。他说："那时我开始留心自己的状态。用外人的标准来看，我是成功的，但用我自己的标准来衡量却不是这样。每一次获得新的成功，兴奋感都十分短暂，最终只留下空虚。我回头审视自己的人生，把让我真心满足、真正感觉到激情满溢的时刻记录下来。我发现，多样化、创新、创意、在'空白画布'上挥洒，对我来说这一切远比职位或薪水更重要。我从直达顶楼的电梯上跳了下来，原以为会跌成自由落体，却发现自己长出了翅膀。我开始制订属于自己的期望、自己的标准，表达我自己的价值观。让我惊讶的是，这法子管用。我终于可以把'我是谁'和'我是做什么的'充分结合起来，我不再过延迟式的人生，而是转向了整体式的人生。我只希望早几年前能有足够的勇气这么做。"

当他果真冒险一试的时候，他发现，自己的激情和在做的事情交织得如此紧密，以至于做这些事的时候，已经不再有"工作"的感觉了。

无论是"活在当下"，还是"享受过程"，你喜欢哪种说法，就用哪种说法。但是，请你确保在做决策的时候，要问自己一句"我会乐在其中吗？"**从起点到终点，其间所有的东西都是你的人生经历，所以，尽可能多多收集它们吧。**生活和事业都是你的人生。拿出时间，现在就开始真正地生活。这里延迟一点，那里延迟一点，加起来就是延迟了的一辈子。就像兰迪·科米萨提醒我们的："过程就是回报，除此之外别无他物。"

刷新心态 1
做你一直想做的事情，现在就做

发现事物好的一面

乔丹·麦尔纳

小时候,我家离学校很近。每天早晨,我包好午餐,走出门去,踏上那条短短的路去上学。每当我快走到门口那座小山丘的时候,我会回头向妈妈挥手。在我的记忆中,妈妈会一直站在门廊上,挥手向我告别,目送我翻过小丘。关于这些早晨,我还有个清晰的记忆,就是每天早晨我出门去的时候,她都会对我说同一句话。她会快活地看着我说:"要发现事情好的一面喔。"这句话深深刻在我脑海里,直到今天,我依然能清清楚楚地听见它,连语调都跟母亲当年说的一模一样。我对这句话的印象太深刻了,它已经融进了我为人处事的准则之中。

在初创企业里,总有事儿要干。你要搞定新客户,准备产品上市,管理团队成员,取悦董事会,还得赶去"救火"。

这样一来,人很容易盯着不足之处。在适度野心的驱使下,眼光挑剔一点是有好处的，可许多人掉进了永不满意的陷阱。在初创企业中，混乱是在所难免的，这是创业的天性。养成习惯，关注事情好的一面，这对你有好处。与其带着挑剔的眼镜四处寻找"哪里做错了"，不如多想想"哪里做对了"。

在追寻并维持事业成功和人生幸福的旅程中，养成"寻找好的一面"的心态，无论对事业还是对生活都有好处。这不仅是因为积极乐观的心态会影响你的情绪，纾解压力，提升整体的幸福感，而且研究已经一次又一次地证明，如果你认定某件事必将发生，这个信念真的具有影响现实的力量。

早在 1968 年，罗森塔尔（Rosenthal）和雅各布森（Jacobson）就确证了，期望能够直接影响事情的结果。他们把这个自我实现的现象叫做"皮格马利翁效应"（Pygmalion Effect），此名来自于古罗马诗人奥维德（Ovid）。

在商界，皮格马利翁效应的结果每天都能看到，你也可以把它运用起来。比如，如果有谣传说某间银行要倒闭了，人们就会纷纷挤兑，于是预言实现。在个人层面上，如果你期望同事们达到更高的绩效标准，实践表明，总体上他们真的就能达到你的期望。

正如美国作家约翰·斯坦贝克（John Steinbeck）说的，"当旁人期待一个人成就卓越的时候，他就会去追求卓越，这是人的天性"。

这并不是说，你不必付诸努力就能成功。你应该努力去做，但你要留心去寻找事物好的一面，你发现的很可能比想象中多。

绝大多数人都习惯去留意身边人犯的错误，而且马上就指出来。就像肯尼斯·布兰佳（Kenneth Blanchard）和斯宾塞·约翰逊（Spencer Johnson）在畅销书《一分钟经理人》（*The One Minute Manager*）里说的那样，你可以把这个习惯反过来，尽力去"抓住某人做对事情的那一刻"。

当你有所发现的时候，请称赞他们。这个方法看似违反直觉，但它不但能提升你的工作效率，还能提升你(以及每一个人)的幸福感。

> *刷新心态2*
> 把今天所有做得好的事情都挑出来，提出表扬

像重视孩子一样重视平衡

乔丹·麦尔纳

在前面的章节中,我们提到过卡特琳娜·菲克和 Flick'r,现在咱们来详细地看看她的故事。2004 年上线的 Flick'r 让数百万用户可以通过网络管理并分享照片和视频。在卡特琳娜和创业搭档巴特菲尔德(Stewart Butterfield)的带领下,网站蓬勃发展起来,到了 2010 年 9 月,Flick'r 上已经有来自世界各地用户上传的 50 亿张图片。由于 Flick'r 迅速地成了互联网上的大热门,雅虎抛来了橄榄枝,提出了购买意向。最终协议谈成了,卡特琳娜和巴特菲尔德在 2005 年 3 月将网站出售给雅虎。这一对创业伙伴的成绩是许多人只敢在梦里想想的——仅在上线 13 个月之后,就把公司卖了一大笔钱。卡特琳娜后来被《时代》(*Time*)杂志选为"100 位最有影响力的人物",还登上了《新闻周刊》(*Newsweek*)的封面。

作为一名创业者，卡特琳娜的成功是毋庸置疑的。可金钱并不是她最主要的动力，她深深明白工作与生活平衡的价值，而在她早先的事业生涯中，这种平衡并不常出现。卡特琳娜的新搭档克里斯·迪克森（Chris Dixon）也有类似的经历。

"我们第一次创业的时候，很多时间都耗在了抓狂上，对时间的运用不够合理。如果做得更好的话，本可以每周工作 45 小时就完成相同的工作量，但当时我们每周要工作 60～70 小时。按我的经验来看，很多人都是这样的。"卡特琳娜说。

在卡特琳娜看来，平衡应排在首位，她相信自己已经找到了独门秘籍。

"我尽力把创立 Flick'r 时得到的经验教训用在新公司里。这么做，主要是因为我必须这样。现在我有了一个 3 岁的小女儿，她改变了一切。从前我的工作时间可以无限延长，可现在再也不行了。可不知怎么的，我竟然也能完成相同的工作量。"

绝大多数人都把孩子放在第一位。如果你已经为人父母，请把孩子列在清单上的第一名。如果你还没有，就假装自己有一个。换句话说，把你人生中所有的重要事情（想要实现平衡生活而不可缺少的那些事）当做你的孩子，给它们足够多的关注，就像真的做了父母一样，无论如何都不会减少分配给它们的时间。

例如，你特别喜欢打乒乓球，认为这对维持生活平衡特别重要，可你又抽不出时间来练球，怎么办？把它当做你的孩子。而且最重要的是，永远不要觉得这"孩子"给你丢人。骄傲地大声说出来你要去做什么，让整个世界都听见你乒乒乓乓的打球声。

站出来挑战传统是需要勇气的，但渐渐地，批评你的人会转而支持你。因为他们亲眼见证了打乒乓球是如何让你变得更快乐，也更高效的。

　　不要把追求平衡只当做一个虚幻的目标，把它融入你的日常时间表，给予它应得的关注。如果你有孩子，你就得回家去照顾他们。把"平衡"看做孩子，就像对待孩子一样，去尽心尽力地呵护它。当你告诉别人，你要跟朋友们去吃晚饭的时候，别不好意思，尽管去，正是这些事情能够帮你维持巅峰绩效。

刷新心态 3
捍卫那些能帮你实现生活平衡的事

在家庭生活中创造"心流"时刻

马丁·本耶格伽德

　　说句实话,当我们真的打心眼儿里热爱某项工作的时候,不少人会感到,比起做家事或参加休闲活动,我们更容易全心投入工作。比起换尿布来,制定产品上市计划的时候我们更有精神头。比起吃晚餐,参加投资人会议的时候我们更容易集中精力。跟孩子相处时的那个你,不像跟客户相处时的你那么神采奕奕,那么满腔热情。要是不在意这个问题,对于热爱工作的我们来说,这会变成可怕的陷阱。我们访问的这些榜样人物都对这个挑战十分留意,在他们看来,对人生中一部分事情全心投入是不够的,他们力求在人生的所有方面都感受到愉悦。

　　在前面的章节中,我们提到过韩宁·达文尼的故事。对于这个问题,他的对策就是"心流"。心流指的是这样的时刻,时间和空间好像都停住了,你百分之百投入,聚精会神地做着面前的事情,你不想去别的任

何地方,也不愿想别的任何事情。心流是个奇妙的境界,一般来说,进入心流状态需要三个先决条件:

- 对我们来说,这项任务很有意义;
- 我们的能力水平跟眼前问题的难度很匹配,不会太高,也不会太低;
- 这项任务的目标很清晰,而且让人有即刻的满足感。

近些年来,我们越来越擅长想些办法,在工作中进入心流状态。对于创业者来说,这话尤其正确,因为愿景是我们自己选择的,并肩追求愿景的战友也是我们自己选的。但是,在个人生活中情况如何呢?

在家庭里,总是众口难调,不容易找到大家都愿意做的事。孩子想玩,可你想做饭,这背后隐藏的挑战往往很难察觉。在你看来,玩芭比娃娃是个很无趣的事情,你的思绪不禁飘回了收件箱前,引起了孩子的不满。其实还有别的办法。试想以下场景:你们刚刚搬家、打理整个花园、给房子刷漆、做度假计划、搭建游戏室、用乐高玩具搭出一整个城镇、把左邻右舍都请来吃烧烤……

你和家人朋友们都带着不可思议的热情,同做一件事,你们对目标完全认同,每个人要做的事情都有点难度,但都能做得到。妙极了,是不是?尽管大家仍不太清楚这事是怎么发生的,或是为什么会发生,但它成了你们的共同经历,自打那次以后你们经常提起,每个人都很开心。现在,请回头看看心流的三个条件,你该知道为什么了吧。

把心流引入日常生活中,我们可以有意识地创造出更多有趣的、有意义的、积极的体验。多花点心思,下定决心克服惰性,我们就能为亲友和自己创造出独一无二的共同体验。你有没有像我一样,感到跟某些朋友的相处模式太固定了呢？作个决定吧，下次你们见面的时候，一起做一件能引发大家心流体验的事情。试试看，来一场自行车之旅，去钓鱼，趁周末健走，没准还可以去学学皮划艇。

如果我们真心喜欢的只有工作，就会很轻易地陷入进去，无法自拔，直至效率变得低下，幸福感也降低了。把空余时间也变得像工作时段一样充实有趣，我们就会自动地避开这个陷阱。

刷新心态 4
在生活中树立共同的目标和挑战，创造心流时刻

回馈社会，拓宽视界

乔丹·麦尔纳

  2009 年春天的纽约，美国两位最富有的人主办了一场晚宴。这两个人是比尔·盖茨和沃伦·巴菲特，宴会的主持人是老大卫·洛克菲勒（David Rockefeller Sr.）。宾客名单很短，但出席的人都有个共同点——他们都是亿万富翁。接下来的一年间，一连串仅限受邀宾客参加的晚宴在美国各地举行了，主办人都是比尔·盖茨和沃伦·巴菲特。客人中不乏包括商界、政界和娱乐界的大腕，比如巴伦·希尔顿（Baron Hilton）、奥普拉·温弗瑞（Oprah Winfrey）、迈克尔·布隆伯格（Michael Bloomberg）、泰德·特纳（Ted Turner）、乔治·卢卡斯（George Lucas）、马克·扎克伯格和吉姆·西蒙斯（Jim Simons，他被《金融时报》誉为"世界上最聪明的亿万富豪"）。这份名单还只是冰山的一角。

  关起门来的宴会厅里发生了什么，引发了多方猜测。这帮人要建立崭新的世界秩序吗？密谋的背后有这么大的权势、影响力和财富作支持，我们该怎么办？

然而，结果却相当出人意料。这些亿万富豪们的确在谋划一件事，但他们的计划不是要统治地球，而是寻找一个最高效的方式把他们的财产捐出去，也要寻找一个最恰当的方法，说服别人也这样做。

这个计划由盖茨和巴菲特发起，鼓励世界上的亿万富翁把大部分财产捐献给慈善机构，计划从福布斯排行榜前 400 名里的美国人开始。这场改变了慈善界的运动就是"捐赠誓言"（The Giving Pledge）。到目前为止，69 名亿万富豪签署了宣言，他们全都是美国人。这场运动的下一个目标是中国和印度。

签署宣言的富豪们积累财富的方式各种各样，生活方式也各不相同。尽管捐出财富的理由五花八门，但他们有个共同点，那就是对赠予的热忱。他们知道捐赠是个双赢的事情，对接受者有好处，对捐赠人也有好处。

圣母大学（University of Notre Dame）近期的神经心理学研究指出，慈善这个行为激活的脑区是与奖赏回路相关的，而进食和性行为产生的乐趣激活的也正是相同的区域。研究表明，即便是数额很小的捐赠也能引发这种愉悦的心理体验，贡献时间的效果也是一样的。保罗·温克（Paul Wink）和米歇尔·迪伦（Michele Dillon）进行了一项持续时间很久的行为学研究，而圣母大学的研究结果恰恰为它提供了实证。温克和迪伦的研究始于 20 世纪 30 年代，研究人员跟踪观察一群加州居民，结果发现，随着年龄增长，那些乐善好施的研究对象生活得更健康，也更快乐。**或许你不是亿万富豪，但乐享赠予的益处永不会太早，也永不言迟。**

我们很容易以为地球是围着自己和公司运转的。一心扑在自己的

只赢不输

WINNING WITHOUT LOSING

初创企业上，这是取得事业成功的重要条件，但若要过上平衡的生活，拓宽视界也是关键的一步。我们需要把事业放到整个人类和地球这样更广阔的背景中去，去关心那些没那么幸运的人们。

因此，如果我们想从这些亿万富豪和科学家那里学到点东西，希望生活得更幸福，尽享佳肴美馔或滚床单的乐趣（唔，差不多是这个意思），那么我们应该尝试着把手伸进口袋里，经常多拿出一些来赠与别人。

> *刷新心态 5*
>
> 每周送出一份礼物，或是做一笔捐赠

重新思考自律的意义

马丁·本耶格伽德

　　很多人认为自律的意思就是管住自己，把不愿做的事情做完。对于创业者来说，这类事情有可能是报税、寻找新客户或是更新现金流预算。我们经常会把这些事故意拖延着不做。

　　按照传统观点来看，成功的创业者之所以能取得佳绩，部分原因就是他们的自律精神足够强，能够完成不那么吸引人的任务。然而，跟书中这些榜样人物交谈过后，我们发现了另一种思路。真正让人在商界取得成功的原因，会不会是把时间尽可能花在你真心想做的事情上？对于某些人来说，这些事情有可能是代表公司去见客户，对另外一些人来说，可能是设计开发出最优秀的软件，或者是领导并激励一支团队。

　　有些人把它叫做心流，有些人称之为能量、专注，或活在当下，但不管我们使用哪个词儿，意思都是一样的——让自己全身心地投入到正在做的事情中。比起发挥自律精神、逼着自己放下真心想做的事,当我们和行动合二为一的时候,效率可能是前者的三倍、五倍,甚至是十倍。

快乐是无罪的。做你喜欢做的事,实际上有一大批人就爱算这些数字、处理各种纳税申报单,他们不愿做的刚好是令你激动无比的事情呢。

我们都知道,事儿该交给专业的人来做。我们是创业者,这并不等于这条基本原则就不必遵守了。我们很容易就能把这些事情外包给别人,用不着事事亲力亲为。如今,一大批事情都可以外包或分派出去,剩下的挑战就是找出哪些事情让我们脉搏加快,血流加速,能让我们百分百地投入进去,然后放手去做。

绝大多数人可以回答出"我不喜欢做什么",而"我真心想做什么"反倒更难回答。换言之,我们真心想做的,就是即使没有回报也愿意做,即便没有人相信我们,我们也愿意去做的事。这正是积极性的本质,是真正的激情所在。

自律依然是个重要的素质,只不过换成了新的意思——"强迫"自己把尽可能多的时间用在热爱的事情上。如果我们成功地做到了这一点,随后的一切就会水到渠成。我们会轻松地找到人替我们处理那些不愿做的事情,客户会主动过来找我们,我们的公司会像磁石一样,吸引到优秀的人才。

当我们进入心流时刻,我们会觉察到能量涌动。只是太多时候,我们任由自己被常见的错误看法误导,说什么"哪能事事都如意",逼着自己去做那些并不情愿做的事。扮演遭罪型的角色有那么点吸引力,可那条道路不会通向幸福的人生。应该把自律精神用来鼓舞自己加速前进,而不是拖慢脚步。

刷新心态 6

换个方式利用自律精神，让自己专心致志地去做热爱的事

团队也需要平衡

乔丹·麦尔纳

两个月前，我一时冲动，从飞机换上大巴，再换上摩托车，最终来到位于亚洲东南部的老挝（Laos）。这里堪称我平生见过的最美的国家之一，我们在小镇琅勃拉邦停留了一周，你能想到的最精致的夜市就在此地。夜市乱中有序，摆着鲜艳货品的小摊沿街一溜儿排开，一眼望不到头。刚刚出炉的当地美食散发出各色香气，在夜空中飘荡。

市场里人声鼎沸，行人沿着小路一边逛，一边跟当地小贩砍价。终于我也看上了一件很喜欢的东西，加入了砍价的队伍。讨价还价的过程是个拉锯战，来来回回，经过几轮砍价，我们选好了喜欢的东西，小贩抬起头来，眼睛里闪烁着淘气的神色，说了句："我合算，你也合算。"

我大笑起来，因为在这十分钟的谈价过程中，这句话我已经听了好几次。我同意，"我合算，你也合算"，我带着微笑重复道。说到平衡，这句话也适用。

提到平衡的时候，我们往往考虑的是自己。然而，如果我们想尽情享受个人的生活平衡，我们必须让团队也实现平衡。对你有好处的事情，对整个团队也有好处，反之亦然。有些公司的文化实际上妨碍了平衡，有些团队成员过着精彩又平衡的生活，而另一些成员却要长时间工作，生活严重失衡。这种不平衡是非常危险的，双方都会产生埋怨情绪。必须埋头工作、没法去做有趣事情的员工会埋怨那些有机会享受平衡生活的同事，他们会心生怨怼，感到自己承担了所有的工作，无论情况是否属实；那些过上了平衡生活、能够享受夜晚时光的员工也会埋怨余下的同事，因为他们感到自己不得不把快乐隐藏起来，掩饰愉快的心情。

埋怨会让人们的心情变差，伤害人际关系，最终影响到团队的生产力。

我们采访到的这些最高效的创业者们认为，生活与工作的平衡令他们成为更优秀、更有满足感的领导者。但他们也认为，唯有公司里的每个人都能拥有平衡，拥有精彩而满意的人生，他们才能有一支高产的队伍。如果公司里的员工都有机会去做有趣的、激动的事情，回到工作岗位后跟同事们分享这些经历，那么公司里将会建立起一种特殊的情感纽带和企业文化。比起那些没这么做的企业，前者的企业文化要人性化得多。**如果你更加关心团队成员，你们得到的灵感和启发就会更多，为了彼此好好工作的热情也会更高。团队成员之间的忠诚感会提高工作效率。**

所以，帮助并鼓励你的团队成员找到平衡感吧。谈谈工作以外的经历，表达你对自由生活方式的热爱和需要，找出那些认同你看法的团队成员。这样做，你不仅能更加喜欢平衡的人生，而且也能让他们变得更加快乐，更加高产，进而使你的企业更加高效地运转。

我合算，你也合算。

刷新心态 7
确保团队成员们也有追求平衡生活的机会

别把工作跟自己划等号

乔丹·麦尔纳

许多人心里只有工作，几乎把工作跟自己画上了等号。这种身份认同感是如此强烈，以至于我们个人的情感都会随着公司的境遇而起起伏伏。当企业一帆风顺的时候，我们心里就比较平静，当它遇到暗流的时候，那就是另一回事儿啦。对工作和生活来说，这种状态都十分危险。

这样过日子的话，我们不但会把人生经历变得狭窄，还会让成功变得更难企及、更难维持。相反，我们应该在工作之外再找些乐趣，把自我认同感扩大到其他事情上，不要只抓着一件事不放。站高点，看远点。**许多人认为，等到我们取得了成功，就会变得幸福和自信。可现实情况是，这份自信和积极的心态并不是跟随成功而来的副产品，反而它们会帮助你取得成功。**

Threadless 的创始人杰克·尼克尔不但懂得这个道理，他正是这样做的。杰克出身寒微,20 岁出头的时候,他只能勉强付起每月 400 元的房租。然而,杰克却拥有比金钱更有价值的东西,他有一种清晰的自我价值感,这种感受跟外在的成就无关。他通过两种方式建立起这种自尊、自重的心态。首先,他跟朋友和家人的关系非常亲密。与此同时,他在内心勾勒出一幅清晰的图景,他知道自己想成为什么样的人,也知道自己渴望对世界产生积极的影响。

"说到底,就是你与人们的关系,还有你想对世界产生怎样的影响。这不是光说不练的大空话,而是实实在在的东西。你想成为什么样的人?"杰克说。

自我价值感让他很幸福,这种感觉也让他拥有自信。正是这份自信,让他有勇气冒风险创立自己的公司,并最终取得了巨大成功。

"一开始,我的自信心就很强,一点也不怕学习新东西。想到那个创意之后一小时,我就建立了公司。当时我只有 500 美元,还在上大学,这辈子从没印过一件 T 恤衫。我们只是想到了一个主意,'让人自己动手设计 T 恤吧',大家真这么做了!我们的第一场 T 恤设计比赛是在网上论坛里做的,那时候我们连自己的网站都还没有。5 天之后我们选出了要印的作品,那时候我们甚至连怎么印出来都还不知道。自信让我们敢于摸着石头过河。"

这种独立的、不依附于外在成就的价值感,不但赋予了杰克冒险与开设公司的自信,也让他更有底气应对创业过程中与生俱来的大起大落。面对变化起伏,他没那么脆弱,这意味着他可以作出更多清醒的决策。如今,杰克已经带领 Threadless 顺利走过了第 10 个年头,也躲避过了绝大多数困难和危险。

拜 Threadless 所赐,现在的杰克已经成了千万富豪,但他依然认为,自己跟当年住在月租金 400 美元的公寓里一样快乐。

工作之外的身份认同感可以来自很多地方。你可以从很简单的事情开始，比如参加一支运动队。

约翰·维奇（John Vechey）是电游开发公司宝开游戏（PopCap Games）的联合创始人。2000 年，他和其他几位创业伙伴在西雅图创建公司，如今雇员人数达到了 600 人。约翰如今是世界上最成功的年轻创业家之一，他也强调独立的自我价值感的重要性："几年前，是我创业过程中压力非常大的一段时期。那时我为了好玩，决定参加个运动队。结果这个决定成了极为重要的一个决策，它让我在宝开之外找到了身份认同感，加入了工作之外的团队。在工作中遇到困难的时候，我心中关于'我是谁'的概念不会动摇，因为我有别的力量平衡它，我就用这种方法渡过了那段艰难时期。依我看，每个创业者都应该找到一件工作之外的支持力量，无论是煮菜、运动、健身还是家庭。平衡是关键。"如今，32 岁的约翰·维奇刚刚把公司卖了 10 亿美元。

让人感到完整又幸福的一切因素其实早已存在于我们心中，用不着非得拥有成功的公司、名声或财富才能找到幸福，现在就寻找内心的幸福感吧。

工作是身份认同的一个组成部分，但如果你想更准确地摘得成功的果实，留住持久的幸福，那就学学杰克和约翰的经验——完整的自我源自多种因素，向其中添加一些新的因素吧。

刷新心态 8
从多个源头寻找自我价值感，切勿只局限于工作

错过一些又何妨

乔丹·麦尔纳

在早先的章节中，我们提到过倡导简化人际关系的苏菲·范德布罗克。如果说我们的目标是拥有一个盈满幸福而成功的人生，就让我们听听她怎么说。

"我经常联系的只有少数密友，这替我省下了很多时间。"苏菲说。这些多出来的时间，她用来照顾自己，休息，或是跟家人和亲密朋友们共度。朋友名单上只有少数人，这不是什么反社会的行为。苏菲是个充满爱心、喜欢交际的人，她的举动意味着，她重质不重量。太多人都认为自己应该有成百上千的"朋友"才对，但她没有盲从。

咱们都知道，Facebook 上有人爱吹嘘自己有好几千朋友。但我敢赌上一票，要让他们随口说出十分之一的人名估计都难。

我必须惭愧地承认，我自己也有这种毛病。当我 Facebook 上的好友人数达到 500 的时候，我感到一阵奇怪的、收藏家般的满足感。我的第 500 个朋友是谁呢？是我老妹的同学的小舅子的女朋友（好像是）。没错，我们熟得很。

倒不是说 Facebook 能够准确地反映出我们对待其他事情的态度，更不用说反映价值观了，但它的确暗示出一种普遍的趋势。而且它的"后坐力"已经显现出来了——脱口秀主持人吉米·吉梅尔（Jimmy Kimmel）建议把每年的 11 月 17 日定为"国家减好友日"，因为友谊应该是一种珍稀的东西。快餐品牌汉堡王甚至针对在 Facebook 上取消关注好友的人群策划了一场营销活动，你取消关注 10 个"好友"，就能免费换汉堡。

可是，我们并非要号召人们疏远真正的好友，或者只是为了减少而减少。经营人脉关系网对人的成长是很重要的，对创业者来说尤其如此。结识新朋友，就像打开了一条新奇的讯息通道，能够引发新颖的创意，让人找到新的伙伴。实际上，身为人类，人际关系绝对是人生中最重要、最愉快的一部分，但这并不意味着我们要接受"越多越好"的说法。

这种压力往往表现为"害怕错过症"①，当人们怀疑自己错过了朋友们正在做（或是可能在做）的事情时，就会感受到压力，变得焦虑。

但事实是，没有人能体验一切，这颗星球上的每一个人时时刻刻都在错过某些东西。真正的赢家是懂得这个道理的人，是把以下追求当做人生目标的人——成为自己生命经历的中心，成为自己主办的"派对"的灵魂与核心。

身处这个时间稀缺的时代，请你环顾四周，花一点时间审视一下当今人们对数字的执迷。检视自己的人际关系网，想想哪些人对你的人

---

① 即 FOMO，fear of missing out，也有译作"社交控"。——译者注

生、幸福、成功和活力有真正的价值。价值的涵义有很多，它不仅体现在你能从朋友们身上得到什么，也体现在你能给予他们什么。

拿出点时间，让自己成为别人真正的朋友，那种你自己也想拥有的朋友，而不是徒有虚名。就像苏菲一样，真正应该关注的是质量。这样一来，你不但会对你的人际关系更加满意，还能得到更多时间，来做你自己主动选择的事情。

刷新心态9
关注最重要的朋友，重质不重量

找到你的氧气面罩

乔丹·麦尔纳

"今天我们将在三万二千英尺的高空飞行，请把行李安全地放置在头顶的行李架上。"在加拿大航空从伦敦到多伦多的航班上，我坐在中间的位子，不动声色地扭扭身子，想多争取一点宝贵的空间。此时我听到空乘人员开始常规的安全广播："如遇紧急情况，氧气面罩会从头顶自动垂落。如果您带有小孩，请在帮助孩子或他人之前自己先戴好。"

这些话我以前听过好多遍了，但不知为何，今天听来好似别具深意。

这段指示十分简单。然而我敢肯定，在危急情况之下，肯定有很多聪明善良的人把它给忘了。情急之下他们会先帮孩子戴面罩。在万分紧急的关头，很多人会忘记自助，从而把孩子们置于危险的境地。

这段话和它背后的涵义都很清晰，它在 747 飞机上适用，在工作和人生中也同样适用。如果你自己先戴好氧气面罩，你就作好了更加充分的准备来帮助孩子，同理，如果你先把自己照顾好，也就更有能力帮助自己的公司以及身边的人。

有太多创业者日夜劳累，不知疲倦地工作，结果疏于照顾自己，本末倒置，半途而废，直到一切无法挽回。

有多少次你不吃早餐，只为了赶着去收邮件？有多少次你推掉了跟朋友的篮球赛，留在办公室把活儿干完？又有多少次你错过了孩子的戏剧表演，是因为开会开到很晚？

人们常说，你必须挑战极限，为了保持领先而马不停蹄地工作。这种看法其实是在暗示，我们可以无限制地一直以最高效率运转。可我们不行。1914 年，亨利·福特就明白了这个道理，他发表的声明震动了工商界，他倡议汽车行业减少工时。

如今，就连医疗这种工作时间特别长的行业也开始反思他们的工作方式了，人们展开讨论，希望限制住院医护人员的工时。航空业也开始效仿。2010 年，欧盟宣布有意限制飞行员的每日工作时长，因为研究发现，在世界范围内的重大空难中，疲劳驾驶占据空难原因排行榜的第5 位。

我们都知道照顾他人很重要，但真正关键的是，要先把自己照顾好。这不等于自私，这样做只是为了让我们在创立企业、经营人生和帮助他人时保持巅峰状态。

当我们没能先戴好氧气面罩的时候，我们没法专注于手边的任务，开会时变得心不在焉，被人催急了，还会对客户、同事、朋友和家人不耐烦，就连找到成对的袜子这种小事也变成了难比登天的重任。疏于照顾自己不仅会把我们自己的生活变得很不愉快，还会影响到工作，最终影响到我们身边的人。

戴上自己的氧气面罩，你无疑作好了更充分的准备，可以去解决"无形"的问题,比如创新和迅速决策。

我们都知道,没处在最佳状态时作决策是很危险的。即便如此,我们还经常拖着疲惫的身躯,或是饿着肚子去工作,同时还以为自己能够应付重大的挑战。许多情况下,人们认为逼着自己做这种自我牺牲的事情是值得称颂的。可实际上,在这种状态下完成的工作是低效能的,有时甚至是危险的。所以,你为什么还要接受这种观念?下回当你筋疲力尽却还有重大决策要作的时候,试着换个态度:"这个决定真的很重要,所以我要去小睡一会儿,然后再作决定。"或者当你面对繁重的工作量,人却没在最佳状态的时候,休息 30 分钟,到街区周围散会步去。旁人可能以为你疯了,但当他们看到你最终做出了成绩的时候,他们的看法会改变的。

所以,你的氧气面罩是什么?为了让自己高效工作,你必须要做的是什么?

或许它是个十分传统的事情,比如健身或打个小盹。第二次世界大战期间,温斯顿·丘吉尔(Winston Churchill)会在午后小睡一个小时。他在回忆录中写道:"上天可没打算让人从早上八点一直工作到午夜,中间不得休息。即便只有短短 20 分钟,这犹如神赐的特赦足矣让人焕然一新,恢复元气。"

你的氧气面罩,可能是一种专属于你的活动。许多成功的创业者都找到了自己独特的面罩,一件能够让自己重振精神,恢复活力,作好充分准备迎接下一个任务的事情。这件事有可能让人专注而平静,也有可能让人兴奋起来,肾上腺素飙升,甚至有可能是一天洗两次澡(前面章节中提到过的杰克·尼克尔就是这样做的)。

找到自己的氧气面罩，先戴好，每天都这样做，然后出门去征服世界吧。

刷新心态 10
先照顾好自己

从所做的每一件事中学习

马丁·本耶格伽德

2004 年，张向东和两位大学同学看到了一个愿景。他们相信，在将来，人们可以通过手机免费获得一切需要的信息。想要实现这一点，就得有简便易用的手机网络平台和应用程序，例如查看天气、设置个性化的屏幕桌面、跟通讯录里的朋友们保持联络、用短信来沟通等。

时间快进到 2012 年，张向东的 3G 门户网已经成为中国手机门户网站的领头羊，全球范围内的应用程序下载数量已经超过了 2 亿次。对于一个除了愿景之外一无所有、创业才八年的人来说，这个成绩可不算差了。

对张向东来说，手机上网不仅是他的工作，也是他的激情所在，是他的爱好。然而，张向东的世界里不是只有比特和字节，他是个贪婪的读者，每天要花一小时，再加上周六的大部分时间，阅读各类的文学作品。

他已经写出了两本书,完成了一本译作,现在打算写一个剧本。"我想通过舞台剧把我的困惑展现出来。"访谈中他这样对我说。我问是什么在困扰他,他露出了真挚的微笑,"人生中的重大问题,比如我们从哪里来。深入思考这个问题的话,我想绝大多数人都会感到困惑吧"。

这位 35 岁的北京商人还有一个嗜好——骑行。张向东已经把无数个周末花在了中国、法国、南非和澳大利亚的路上。现在他有了新目标,要骑着自行车跨越五大洲。他的每个周末都是以自行车开始的,早上八点到九点。是什么驱使他把这么多时间花在骑行上呢?"这是人天性的一部分,我相信人生本来就该多姿多彩。在追求梦想的过程中,也要享受乐趣。"他这样解释道。随后,他跟我说了一句中国俗谚,意思大概是:"幸福原本就存在于生活当中,可我们却往往身在福中不知福。"我深以为然。

就好像他对文学、骑行和创业的投入还不够似的,张向东还参与发起了一项野心勃勃、影响深远的文化项目。在这个名叫"Meridian 时差"的屋檐下,一群有愿景、有热情的人聚集在一起。每一个项目都有相同的宗旨——跨越时区、国界和文化,释放并整合有潜质的创意。其中一个项目是从各个国家搜集童话,然后制作适合当地的版本,首批就从中国做起。另一个项目是挑选 12 个发展速度最快的中国城市,采访当地的出租车司机,从第一线反映城市化的进程。在"中国创造"的标签下,以"好奇心、创造力、跨国界"为使命的"Meridian 时差",在积极寻求激发创意的好作品。

张向东的灵感、思考和自信,有一大部分都可以追溯到在异国他乡和陌生文化中独自骑行的经历。"好奇心是我的领路人,每一次骑行的旅程,都是与自我的对话。"张向东解释说。骑行教会了他重要的一课——如何治理公司。时不时的,天气会变得糟糕,路上会遇到山丘,还有不可预知的困难。你必须接受这一切,必须耐心、坚韧,还要心怀信念,不断实践,找到属于自己的步调,坚持走下去。在张向东看来,带领公司的道理是一样的。当我问他这个嗜好会不会影响工作的时候,张回答说:"一点都不会。"实际上他感到,这些嗜好让他成长为更出色的领导者、创新家和商业人。

很多人认为,花在个人嗜好上的时间对工作和事业并无多大价值。但张向东的经历告诉我们,这话未必正确。如果带着开放的心态去做每一件事,从看似毫无关联的事件中,我们能得到实则正相关的感悟和心得。

有多少父母从跟孩子相处的经验中提升了自己的合作能力和领导力?有多少次,我们从书中获得新鲜的视角,用来解决工作中的难题?

到遥远的地方旅行,全心投入一项运动,下厨锻炼厨艺,当个业余的摄影师……或许效果不会当场显现,但实际上,拥有各种各样体验的、完整的人生会磨炼我们的商业技能,而不是相反。从所做的每一件事中学习,这是追求成功的一条可行路径,张向东已经向我们证明了。他以这句话结束了我们的采访:"每一个人都是自己的主人,我们应当选择属于自己的人生。"幸运的是,这句话也说明,我们不必像他一样,每天早晨用100个俯卧撑拉开一天的序幕。

刷新心态 11
带着开放的心态去做每一件事

现在就行动

→ 6 个这周就可以开始的简单步骤

在创业过程中,要用行动来创造动能,关于这一点我们已经谈过很多了。如果你打算实施本书中讲到的某几个方法,那么你也要行动起来。情况多半会是,你要么在下周就开始尝试,要么就永远也不会试了。所以,咱们现在先迈几小步,怎么样?在最后一章里,我们列出了简单的 6 件事,马上就开始创造你想要的人生和工作吧。

现在就开始。

开足马力，只做一小时

乔丹·麦尔纳

度过一个小时的方法有成千上万。从漫无目标地上网看博客，到签订一个能推动公司往前发展好几年的协议。一个小时的价值并不总是相同的。

这样做试试看，明天你只工作一个小时。早上六点到七点，或是八点到九点都行。具体哪个时段并不重要，你很可能有自己喜欢的区段，我就喜欢大清早。重要的是，你只工作一个小时。**给自己规定一个极为有限的工作时段，相当于逼着自己极为专心，能多高效就多高效。**试着在这一小时之内完成尽可能多的工作。明天就做。

然后回头看看这一个小时你是怎么用的。你做完了多少事情？你的做事方法有什么变化？为了达到最佳效果，每周这样做一次，接连做四周。每周换个方法，比如换个时段、换个工作地点，或是尝试不同的准备方式。一旦你找到了最理想的工作方法，你就可以在日常工作中越来越频繁地使用它了。

想想看，如果每天都能用这样的巅峰状态工作 6～8 个小时，你能取得多少成绩。

> ### 现在就行动 1
> 全速前进，工作一个小时，而且只做一小时

随时随地动起来

乔丹·麦尔纳

　　如今这个年代,许多工种都需要人整天坐在电脑前面,体力活已经不常见了,可我们的身体渐渐感到了负面影响。研究证明,即便健身的运动量达到了推荐水平,整天坐着不动的生活方式也会对我们的健康和情绪造成极坏的影响。

　　为了寻找解决办法,我们对书中榜样人物们的生活方式进行了一番"研究"。其中绝大多数人都认为,锻炼不一定非要局限在健身房,他们中不少人已经找到了办法,利用一天中的零碎时间来活动身体。

　　找到属于你的特色时间,充分利用它们,养成习惯。走楼梯而不坐电梯,花在踏步机上的时间就可以省一点儿了。一旦你用心去找,就会发现这种零碎机会到处都是。在家看电视?趁放广告的时候来几个俯卧撑。在桌前坐了一整天？用博速球①当椅子吧。趁看书或打电话时，来个静力锻炼。

把这些活动融合到每天的生活中，你不仅能即时获得额外的氧气和内啡肽，从长远来看，你也将拥有更健康的身体，而这会给你增添自信和幸福感，提升你的效率，无论是在办公室还是在家里。

下回你再看见一群人不耐烦地等电梯的时候，不要站在那儿一起等了，笑一笑，去爬楼梯吧。

现在就行动 2
抓住机会，来个迷你小锻炼

---

① Bosu ball,半圆形的瑜伽平衡球。——译者注

把最不愿做的事先做掉

乔丹·麦尔纳

下面这种感觉大家都有过吧，有件事我们想了一整夜，上班之后却磨磨蹭蹭不愿做，一拖就是一上午。作家奥林·米勒(Olin Miller)一语中的："如果你想把一件简单的小事变得特别难，一直拖着别做就行了。"

这类事情可能是五花八门的，联络一位难搞的客户或供应商，安装新的 IP 电话，或是修改营销战略。

绝大多数人的待办事项清单上都有那么一两件不愿做的事。这种事情老拖着不做，人就容易分心和焦虑，而这会影响我们的活力和能量。其实真把这事给做了，无非也就花上 10 分钟，可我们却拖上 3 个小时，还纠结着要不要做，白白浪费了精力。

明天醒来列当天的待办事项清单的时候，想想哪一件事情是你最不愿做的。绝大多数时候，没写之前你就知道最棘手的事情是什么了，光是想到它，你没准都会产生负面的生理反应呢。一旦想到它，就果断地把它排在清单首位。**把不愿做的事情先做掉。**

当然了，从长远来看，你应当砍掉这种不感兴趣的事情，以便把精力放在那些让你干劲十足的事情上。但在眼下，把讨厌的事情先做掉，而不是听任它们没完没了地在头顶上盘旋。

如戴尔·卡内基所说："先把最难的事情做完，容易的事情会照顾好自己的。"

现在就行动 3
明天早上起来，先把困扰了你一周的那件事做掉

寻找意义

马丁·本耶格伽德

永不满足是好事吗？如果放到创业者身上，绝大多数人都会回答"是"。但是，这是单从工作业绩的角度来看的，并没有把你的个人幸福算进去。

永不满足的饥渴感不是幸福，只要你处在饥渴状态，你就会不知疲倦地想法子让自己满意。对我们创业者来说，问题在于，一次成功永远无法满足我们。我们的眼睛会立即望向下一个山头，饥渴感再度在腹中升起。

许多人认为，"渴望挑战"的反义词就是懒惰或不思进取。在很多情况下的确如此，但事情还有另一重境界，在这种状态中，你充满活力和干劲，同时又惊人地满足。这种境界就叫做"意义"。

一旦你找到了人生的意义，你就再也无需被别人督促，甚至无需督促自己。遇到困难的时候你不会失去勇气，你也不会浪费时间和精力，拿自己和他人作无谓的比较。你变得高效了，朝着自己的使命前进，从而感受到一种发自内心的、真挚的幸福。

听起来完美得不像真的，是不是？不幸的是，绝大多数人认为这不是真的。但它之所以不像真的，是因为我们没有去有意识地寻找自己人生的意义，而不是因为这种幸福又满足的境界不存在。如何找到人生的意义并无公式可循，但当你看见它的那一刻就会明白。一旦你找到了它，就再也不会猜疑。

你为什么要做现在从事的事情？为了挣钱吗？让父母为你自豪？证明你够优秀？因为这事看起来有可能成功？还是因为你按捺不住想做的冲动，因为你打心眼儿里热爱这件事，热爱它给你和他人带来的影响，因为每次你专心致志地做这件事的时候，仿佛天幕"唰"一下拉开，鸟儿开始歌唱？

只有你能分辨出其中的区别，只有你能采取行动。

身为创业者，找到自己人生的意义当然是个好开始，但这还不够，你还有责任让团队里的每一个人都找到他们人生的意义。谢家华（Tony Hseih）在美捷步里做到了，克里斯蒂安·斯塔迪尔在 Hummel 里做到了。他们创造出了富含意义的氛围和环境，企业的身份和形象是如此清晰、如此强大有力，以至于能够吸引到追求同样人生意义的人才，并且支持他们每一天都活出意义，活出精彩，结果就是大家的工作效率和幸福感同时呈指数级增长。

公司的领导人和创业者常常感到，团队成员们不如自己那么殚精竭虑，那么用心。他们为此十分困扰，以为更严格的管理或控制能够解决问题。但他们没有注意到的是，这是因为当初的预备工作没做扎实，所以如今要付出代价——公司缺乏清晰的、激动人心的使命；选人的时候，没有招募到那些真心受到感召的人才；也没有确保每个人都理解自己在公司中的角色，以及对全局的贡献。

这样的领导者无异于自己搬砖头砸自己的脚,事实上,他们应该做的,是回溯到为公司设计蓝图的那一刻。有时,我们绝大多数人都在自己身上找到了这样的影子,挑战就在于落入陷阱之后,你要迅速意识到问题所在,然后回到正轨。

如果你还没有找寻到人生的意义,那么就把今年的主题定义为"找寻之年"吧,寻找并活出自己的意义来。 甩开恐惧,不必有任何保留。把下一年的主题定位为"大家的意义",让团队里的每个人都能拥有这种美得不可思议而且生产力惊人的状态。

你可以从以下五个问题开始:

1. 我在做什么事情的时候最幸福、最快乐?

2. 为什么这件事让我感到这么幸福?

3. 我该如何围绕这件我最喜欢的事建立一桩生意?

4. 哪些因素在阻挡我?

5. 我将如何克服这些困难,并在未来的 12 个月内为自己建立一套全新的、支持我活出意义的人生计划?

"幸福的人生,就是跟你真正的天性协调一致。"

——马库斯·安涅·塞涅卡①(Marcus Annaeus Seneca)

> 现在就行动 4
>
> 拿出两小时,思考你此生的意义

---

① 古罗马修辞学者、作家。——译者注

找出时间陷阱

乔丹·麦尔纳

　　早先的章节中我们谈到过，人人都会把很多时间和精力浪费掉。趁着我们还记得这一点，现在就来采用系统的方法，消灭专属于你的时间陷阱吧。把你的习惯行为从头梳理一遍，找出那些烦人的、侵占了你大部分时间的行为，然后把它们分成两类：**它们是真正的时间陷阱吗？还是只需要加以控制就行了？**

　　如果是真正的时间陷阱，那你就要彻底把它们填上。第一步，把它们视作侵吞你宝贵时间的罪犯。第二步，估算一下，你每天或每周花在这些行为上的时间有多少。把这个数字写下来，具体的数字能让你印象深刻，并且以后主动地避免这些行为（我猜，也会让你吓一跳）。每当你发现自己又回到老路上的时候，此时就相当于在陷阱旁插了个小红旗，提醒你三思而后行。

如果它们不是真正的时间陷阱，而是的确需要做的事，那么你应该控制花在上头的时间。这就属于第二类了。留出固定的时段，专门处理这些事。规划出的时间段比较容易控制，比如说，在一天的某个固定时段拿出 30 分钟来写电邮，或是完成一项任务之后留出 15 分钟打电话。

这些事情是你每天都要做的，想清楚了这一点，再为它们制定出起始和结束的时间，你就不会被它们随时打断，或是拿它们当拖延的借口。尽管去做就是了（而且心里再没负疚感），并且只在预留出的专门时间里做。时间一到，就停下。每个月作一次评估，看看自己的时间利用情况怎样，检查一下时间陷阱。随着日程表、技能、最优先的事情、工作项目的变化，这些耗费时间的事也会变。每个月专门留出自省的时间，你就可以清楚地知道目前的时间陷阱有哪些，这会帮助你领先一步，走在前头。

现在就行动 5
把对绩效和幸福感都无甚影响的、
浪费宝贵时间的事情都列出来

明天，给自己放一天假

乔丹·麦尔纳

你大概非常、非常忙。或许你已经觉得有点扛不住了，觉得压力好大，无心允分享受生活。怎么办？如何从这人为制造的紧急和忙碌中抽身停下？明天给自己放一天假吧。没错，就是明天。在你看来，这似乎不大可能，因为你有太多事情要做。或许几周之后你可以放一天假，或许一个月后。如果你真的计划一下，都有可能，但是明天肯定不行。

要点就在这儿。**明天放个假，这就像是一项练习，让你意识到绝大多数事情并不如我们想的那般紧急，从办公室离开一小段时间也并非世界末日。**好处还不仅于此，它还能从长远上帮助我们和我们的公司。这个信念上的转变看似不可能，但你转过弯来之后，就会体验到一种全新的自由感和活力，视野也变宽了，这些变化对你自己和公司都很有帮助。

所以，这一天你打算拿来做什么？答案是，凡是能让你精神焕发的事情都可以。到海边去，陪孩子们玩，一口气看上一整季的《黑道家族》（*The Sopranos*），或是全天都到户外去远足。用这一天时间来重拾活力，没准这是一整年里你效率最高的一天。

给自己放一天假，这个行动可以：

● 提醒你自己，你在掌控自己的人生。重新认识到这一点之后，谁知道接下来会发生什么？

● 激发你的创意，没人能在脑子里装着一张密密麻麻的待办清单的情况下想出最棒的主意。

● 激活你的体能，特别是你选择尝试些新东西的时候。你有没有试过花式滑水、自己动手做寿司或是练瑜伽？

● 把自己跟工作分隔开，保持健康的距离，这会提升你的自我价值感。很有可能你会找回热情，思路变得更清晰，心里更充实，重新找回自己的愿景。如果你想提高效能，这是个不错的开始。

回忆一下小时候，当你知道第二天要放假时的情景，好好体会那种兴奋的感觉吧。明天，一整天全是你的……

> 现在就行动 6
> 祝贺你，你已经读完了这本书！现在，给自己放一天假吧，庆祝你的成绩，消化你读到的东西，并且重拾活力！

作者访谈

罗克珊·弗扎(Roxanne Varza)

自由撰稿人,曾任 *TechCrunch*(法国版)编辑问：马丁和乔丹，是什么让你们两人联手来写这本书的呢？

答（马丁）：几年前，第一次见到乔丹的时候我特别惊喜，这个年轻人跟我隔着半个地球，却跟我一样，对这个话题特别有热情。那时候乔丹刚刚搬到丹麦，之前他在伦敦为一家风投支持的创业企业工作，在那边他遇到了一大批不堪工作重负的创业者，他们的生活整个被工作统治了。乔丹是个天生的创业者，但他跟我一样，不希望让工作掌控自己的人生。

我们聊得越多，就越是觉得我俩应该搭档写这本书。我自己就曾经经历过那种恐怖的生活方式，那是 26 岁那年我加入麦肯锡的时候。在此之前，我经营自己的公司，还帮我父亲打理他的生意。但加入麦肯锡之后，我发现那里的工作氛围极度推崇工作的时间再长点、再辛苦点。在那种环境下，人人都跟工作绑在一块儿，在我看来这既没好处，又不可持续。

离开麦肯锡之后，我希望重新回到这种状态——无论是在事业中还是在私人生活里，我都可以通过努力得到一切我想要的东西。我重新开始创业，这些年下来，我发觉我已经摸索出了一套方法，把事情分出主次和优先顺序，不让工作统治我的生活，而且我希望把这些经验与其他的创业者和未来的创业者们分享。我希望大家知道，做一个成功的创业者并不等于要放弃生活。

过去两年间，乔丹和我一起写作这本书。我住在丹麦，乔丹在剑桥和加拿大。我们碰面了很多次，两人都在世界各地旅行，也都在写这本书。

问：为什么每个人都认为，当个创业者就意味着要牺牲这么多东西呢？这种看法从哪儿来？你们两位是怎么发现这个看法并不正确的呢？

答（乔丹）：我觉得这个看法传播得非常广，而且早就存在了，大家想也没想就接受了。

我在加拿大、法国、英国和丹麦都生活过，在我认识的创业者里，绝大多数都有个共同点，他们热爱正在做的事情，但也觉得在工作之外牺牲得太多了。这个现象很有意思，大家太过强调金钱上的"赢"，可成功的创业者们实际上在别的地方"输"了。世上教创业者们成功的贴士和秘籍不计其数，可却极少有榜样人物站出来现身说法，教大家如何既能事业成功，又能享受人生。

218

我不愿意接受这种观念，好像在商界取得成功的唯一方法就是放弃生活中许多事情。我的确想创立一个伟大的公司，可我也想拥有我们在书中描述的这种平衡生活，让我在回首人生时心里充满自豪和幸福感，没有任何遗憾。

我想寻找那些在两个世界里都取得成功的人。很高兴地说，跟马丁合写这本书的时候，我们的确找到了这样的创业者，他们的故事告诉我们，建立足以改变行业的公司，与此同时又能过着幸福和平衡的生活，这个目标是可以实现的。

问：你们二位在生活中是怎样维持这种平衡的呢？

答（马丁）：在我看来，关键就是跟优秀的创业搭档合作。在做 Rain-making 之前，我基本上是单枪匹马闯天下的，结果却事倍功半。当你置身于一个强大的团队中时，你绝对可以拥有健康的平衡生活，同时还能取得出色的业绩。

此外，我还想对另一个看法提出质疑，我觉得待在办公室里未必效率最高。我自己就有亲身体会，我有些最棒的想法就是在离开电脑以后想到的,比如在跑步或是度假的时候。发现这一点的确对我很有帮助,我变得更有效率,工作绩效也提高了。

我也要感谢某些导师,这些成功的创业者有家有室,也抽得出时间来做工作以外的、热爱的事情,跟他们相处,让我得以把他们的某些方法运用到我自己的人生里去。

答(乔丹): 我以前也一头扑在某些事情上,结果不得不作出牺牲。但我觉得自己相当幸运,因为我蛮早就意识到创业其实可以是个双赢的过程。

对我来说,一个重要的领悟就是,幸福感导致事业成功,而不是反过来。此外,健康、休息、丰富的阅历,这些对于创造性也是不可或缺的。工作时间更长,并不一定就意味着结果会更好。

在追寻成功和平衡的过程中,学习那些已经做到两全其美的人的做法,也给了我莫大的帮助。

如果没有这些人的帮助和启发,就不可能有这本书。谢谢你们,我们心存感恩。要列出的名字真的太多了(若有疏漏,敬请原谅),但我们尽力做到:

感谢试读这本书的朋友、积极提建议的网友,以及帮助和支持我们的朋友们:瑟奇·图克、弗雷迪·普林、瑟伦·霍恩、安妮·麦尔纳、布莱恩·麦尔纳、伊丝拉·麦尔纳、阿瓦雷·麦尔纳、莫妮卡·佩雷拉、约翰·特里、安德斯·本耶格伽德、马蒂亚斯·达尔斯加德、阿特斯·巴特斯、萨普马·杰拉特尼、J.温斯洛、安东尼奥·巴卡巴波、卡伦·科丁利、克兰·汉森、玛尼·加里森、布莱赛德·乔格、彼得·塔蒂雪、简妮科·佩德森、罗克珊·瓦莎、格雷格·凡诺克、亨宁·达夫尼、奥利·赫耶、斯蒂弗·罗宾斯、罗伯特·加斯、普拉山特·瑞扎德、皮尔·克兰德夫、克林特·尼尔森、杰斯珀·安德森、拉斯姆斯·安克森、普拉卡苏·伊蒂安、米歇尔·柏德卡、瑟伦·霍佳德、杰斯珀·克里特、妮古拉·弗里斯、马丁·马库森、艾琳·萨顿、杰克布·尤因、琳达·希克曼、杰斯珀·克洛、迈克·米卡洛维奇、安妮卡·本耶格伽德、艾伦·罗尼、瓦德玛·罗尼、金·约翰逊,以及马丁五岁的女儿麦妮特,她帮忙选定了封面。

感谢25位榜样人物:查德·楚奥特万、马库斯·莫伯格、托斯顿·赫韦特、亨里克·林德、兰迪·科米萨、尼克·米卡哈洛夫斯基、卡特琳娜·菲克、彼得·麦格贝克、克里斯蒂安·斯塔迪尔、大卫·科恩、德里克·西弗斯、本·韦、比尔·廖、谢家华、杰克·尼克尔、马克西姆·斯彼得诺夫、马丁·索伯格、约翰·维奇、贾森·弗里德、克劳斯·迈耶、苏菲·范德布罗克、布拉德·菲尔德、米奇·索尔、N. R. 穆尔蒂、张向东。

感谢本书的支持团队：本特·豪格兰（负责项目管理），蕾莉亚·波夏米埃尔和内尔·沃乐特（负责管理在线社区），托马斯·迈克尔森·佩西克和约翰·碧翠·林德加德（负责网络开发），托马斯·霍尔姆·汉森和乔纳森·弗里德曼（两位助理），马丁·思克杰白、娜塔莎·拉森和安妮·哈格曼（负责翻译），娜娜·克里斯琴森（负责文本），埃拉·鲁德辛斯卡（负责簿记），杰斯珀·克林根伯格和帕翠希娅·赫普（负责设计）。

感谢 Rainmaking 的伙伴们：卡斯滕·柯贝克、莫滕·克里斯滕森、莫滕·本耶格伽德·尼尔森、麦兹·马西森、卡斯珀·瓦乔普、亚历克斯·法赛特、肯尼斯·西贝、马茨·斯蒂格西琉斯。

最后当然还要感谢我们的编辑劳伦斯·肖特，他还写出了那本极富启发又趣味无穷的《乐天派》（*The Optimist*）。

图书在版编目（CIP）数据

只赢不输／（丹）本耶格伽德，（加）麦尔纳著；苏
西译. —杭州：浙江大学出版社，2014.4
书名原文：Winning without losing
ISBN 978-7-308-12972-5

Ⅰ. ①只… Ⅱ. ①本… ②麦… ③苏… Ⅲ. ①成功心
理—通俗读物 Ⅳ. ①B848.4-49

中国版本图书馆 CIP 数据核字（2014）第 044112 号

First published in Great Britain in 2013 by Profile Books Ltd
(3a Exmouth House，Pine Street，Exmouth Market，London EC1R 0JH)
Copyright © Martin Bjergegaard and Jordan Milne 2013
All rights reserved.
浙江省版权局著作权合同登记图字：11-2013-117。

只赢不输

［丹麦］马丁·本耶格伽德（Martin Bjergegaard）　　　著
［加拿大］乔丹·麦尔纳（Jordan Milne）
苏　西译

策　　划	杭州蓝狮子文化创意有限公司
责任编辑	曲　静
出版发行	浙江大学出版社
	（杭州市天目山路 148 号　邮政编码 310007）
	（网址：http://www.zjupress.com）
排　　版	杭州中大图文设计有限公司
印　　刷	浙江印刷集团有限公司
开　　本	710mm×1000mm　1/16
印　　张	15.25
插　　页	4
字　　数	183 千
版　印　次	2014 年 4 月第 1 版　2014 年 4 月第 1 次印刷
书　　号	ISBN 978-7-308-12972-5
定　　价	40.00 元

蓝狮子·域外新知系列

我们传播来自海外的新鲜观点

《引爆责任感文化》

[美]罗杰·康纳斯　汤姆·史密斯　著

《价格游戏》

[英]利·考德威尔　著

《别把你的好员工推开》

[美]马克·罗伊尔　汤姆·安格纽　著

《绝境大逆转》

[日]《日经信息战略》杂志　编著

《你知道和不知道的"性格"》

[日]村上宣宽　著

《金矿效应:探寻卓越表现背后的秘密》

[丹麦]拉斯姆斯·安克森　著